조리능력 향상의 길잡이

한식조리

국·탕

한혜영·박선옥·신은채·임재창 공저

(주)백산출판사

머리말

과학기술의 발달은 사회 변동을 촉진하고 그 결과 사회는 점점 빠르게 변화되고 있다.
사회가 발달하고 경제상황이 좋아짐에 따라 식생활문화는 풍요로워졌고, 음식문화에 대한 인식변화를 가져오게 되었다.
음식은 단순한 영양섭취 목적보다는 건강을 지키고 오감을 만족시켜 행복지수를 높이며, 음식커뮤니케이션의 기능과 함께 오락기능을 더하고 있다.
이에 전문 조리사는 다양한 직업으로 분업화 · 세분화되어 활동하게 되는데, 그 인기도는 조리 전문 방송 프로그램이 많아진 것을 보면 쉽게 알 수 있다.
현재 우리나라는 국가직무능력표준(NCS: national competency standards)을 개발하여 산업현장에서 직무를 수행하기 위해 요구되는 지식, 기술을 국가적 차원에서 표준화하고 있다.
이 책은 조리의 기초적인 부분부터 조리사가 알아야 하는 전반적인 내용을 담고 있어 산업현장에 적합한 인적자원 양성에 도움이 되는 전문서가 될 것으로 생각하며, 조리능력 향상에 길잡이가 될 것으로 믿는다.
왜냐하면 특급호텔인 롯데와 인터컨티넨탈에서 15년간의 현장 경험과 15년의 교육 경력을 바탕으로 정확한 레시피와 자세한 설명을 곁들여 정리하였기 때문이다.
조리학문 발전을 위해 노력하신 많은 선배님들께 감사드리며, 늘 배려를 아끼지 않으시는 백산출판사 사장님 이하 직원분들께 머리 숙여 깊은 감사를 드린다.

조리인이여~
넓은 세상을 보고 많은 꿈을 꾸며, 희망을 가지고 남다른 노력을 한다면, 소망과 꿈은 이루어지리라.

대표저자 **한혜영**

CONTENTS

○ 한식조리기능사 실기 품목

NCS - 학습모듈의 위치

대분류	음식서비스
중분류	식음료조리·서비스
소분류	음식조리

세분류

- **한식조리**
- 양식조리
- 중식조리
- 일식·복어조리

능력단위	학습모듈명
한식 위생관리	한식 위생관리
한식 안전관리	한식 안전관리
한식 메뉴관리	한식 메뉴관리
한식 구매관리	한식 구매관리
한식 재료관리	한식 재료관리
한식 기초조리실무	한식 기초조리실무
한식 밥 조리	한식 밥 조리
한식 죽 조리	한식 죽 조리
한식 면류 조리	한식 면류 조리
한식 국·탕 조리	**한식 국·탕 조리**
한식 찌개 조리	한식 찌개 조리
한식 전골 조리	한식 전골 조리
한식 찜·선 조리	한식 찜·선 조리
한식 조림·초 조리	한식 조림·초 조리
한식 볶음 조리	한식 볶음 조리
한식 전·적 조리	한식 전·적 조리
한식 튀김 조리	한식 튀김 조리
한식 구이 조리	한식 구이 조리
한식 생채·회 조리	한식 생채·회 조리
한식 숙채 조리	한식 숙채 조리
김치 조리	김치 조리
음청류 조리	음청류 조리
한과 조리	한과 조리
장아찌 조리	장아찌 조리

한식 국 · 탕 조리 학습모듈의 개요

학습모듈의 목표

육류나 어류 등에 물을 많이 붓고 오래 끓이거나 육수를 만들어 채소나 해산물, 육류 등을 넣어 조리할 수 있다.

선수학습

한식조리기능사, 식품재료학, 조리원리, 식품위생학, 주방관리

학습모듈의 내용체계

학습	학습내용	NCS 능력단위요소	
		코드번호	요소명칭
1. 국·탕 재료 준비하기	1-1. 국·탕 재료 준비 및 계량	1301010104_16v3.1	국·탕 재료 준비하기
	1-2. 국·탕 육수 제조		
2. 국·탕 조리하기	2-1. 국·탕 조리	1301010104_16v3.2	국·탕 조리하기
3. 국·탕 담기	3-1. 국·탕 그릇 선택	1301010104_16v3.3	
	3-2. 국·탕 제공		국·탕 담기

핵심 용어

육수, 국, 탕, 부재료, 사골, 세척, 가열, 제조, 혼합, 원산지 확인

분류번호	1301010104_16v3
능력단위 명칭	한식 국·탕 조리
능력단위 정의	한식 국·탕 조리란 육류나 어류 등에 물을 많이 붓고 오래 끓이거나 육수를 만들어 채소나 해산물, 육류 등을 넣어 조리하는 능력이다.

능력단위요소	수행준거
1301010104_16v3.1 국·탕 재료 준비하기	1.1 조리 종류에 맞추어 도구와 재료를 준비할 수 있다. 1.2 조리에 사용하는 재료를 필요량에 맞게 계량할 수 있다. 1.3 재료에 따라 요구되는 전처리를 수행할 수 있다. 1.4 찬물에 육수재료를 넣고 끓이는 시간과 불의 강도를 조절할 수 있다. 1.5 끓이는 중 부유물을 제거하여 맑은 육수를 만들 수 있다. 1.6 육수의 종류에 따라 냉, 온으로 보관할 수 있다.
	【지식】 • 육수의 종류 • 양념과 부재료의 성분과 특성 • 재료의 전처리 • 재료의 특성 • 조리도구 종류와 용도 • 재료 선별법 • 용도에 맞는 육수의 종류 • 육수 만드는 방법 • 육수의 상태 판별 • 조리기구 및 기물사용 • 조미료, 향신료의 종류와 특성 • 끓이는 시간과 불의 조절
	【기술】 • 국물, 육수, 종류에 따른 주재료 선별능력 • 식재료의 신선도 선별능력 • 재료 보관능력 • 재료 전처리 능력 • 부재료 사용하여 끓이는 기술 • 불의 조절능력 • 용도에 맞는 재료의 불순물 제거기술 • 육수의 냉각 및 보관능력 • 육수의 상태 판별능력 • 육수 종류에 따라 뼈, 육류 등 끓이는 시간 조절능력

1301010104_16v3.1 국·탕 재료 준비하기	【태도】 • 바른 작업 태도 • 반복훈련태도 • 안전사항 준수태도 • 위생관리태도 • 준비재료에 대한 점검태도 • 장시간 끓이며 육수 상태변화 관찰태도
1301010104_16v3.2 국·탕 조리하기	2.1 물이나 육수에 재료를 넣어 끓일 수 있다. 2.2 부재료와 양념을 적절한 시기와 분량에 맞춰 첨가할 수 있다. 2.3 조리 종류에 따라 끓이는 시간과 화력을 조절할 수 있다. 2.4 국·탕의 품질을 판정하고 간을 맞출 수 있다.
	【지식】 • 관능평가 • 국, 탕의 특성 • 양념의 특성과 성분 • 양념장의 숙성과정 이해 • 조리가열 시간 • 주재료와 부재료의 특성 • 조리과정 중의 물리화학적 변화에 관한 조리과학적 지식
	【기술】 • 국물 맛 감별능력 • 부재료의 특성에 맞게 조리기술 • 불의 세기 조절능력 • 양념장의 숙성도 조절능력 • 양념장의 혼합 비율 조절능력 • 음식 종류에 따른 양념 사용능력 • 조리종류에 따른 국물 양 조절능력
	【태도】 • 조리과정을 관찰하는 태도 • 실험조리를 수행하는 과학적 태도 • 안전관리태도 • 위생관리태도 • 조리과정 확인태도 • 준비재료 세밀 점검태도 • 조리도구 청결 관리태도

1301010104_16v3.3 국·탕 담기	3.1 조리종류와 색, 형태, 인원수, 분량 등을 고려하여 그릇을 선택할 수 있다. 3.2 국·탕은 조리종류에 따라 온·냉 온도로 제공할 수 있다. 3.3 국·탕은 국물과 건더기의 비율에 맞게 담아낼 수 있다. 3.4 국·탕의 종류에 따라 고명을 활용할 수 있다.
	【지식】 • 고명의 종류 • 국물조리의 종류에 따른 그릇 선택
	【기술】 • 국·탕 조리에 맞는 국물 양 조절 기술 • 국·탕 조리에 맞는 온도로 제공하는 기술 • 그릇의 형태에 따라 조화롭게 담아내는 기술 • 용도에 맞는 식기 선택능력
	【태도】 • 바른 작업 태도 • 반복훈련태도 • 식품위생법 준수태도 • 안전사항준수태도

적용범위 및 작업상황

고려사항

- 국·탕 능력단위는 다음 범위가 포함된다.
  - 국류 : 무맑은국, 시금치토장국, 미역국, 북엇국, 콩나물국, 감잣국, 아욱국, 쑥국, 오이냉국, 미역냉국, 가지냉국 등
  - 탕류 : 완자탕, 애탕, 조개탕, 홍합탕, 갈비탕, 육개장, 추어탕, 우거지탕, 감자탕, 설렁탕, 삼계탕, 머위깨탕, 비지탕 등
- 필요에 따라 양념장을 만들어 숙성하여 사용할 수 있다.
- 국·탕 조리의 전처리란 육류는 물에 담가 핏물을 제거하고, 뼈는 핏물을 제거하고 끓는 물에 데쳐내는 과정과 채소류 등을 다듬고 깨끗하게 씻는 과정을 말한다.
- 육수란 육류 또는 가금류, 뼈, 건어물, 채소류, 향신채 등을 넣고 물에 충분히 끓여내어 국물로 사용하는 재료를 말한다.
- 국을 그릇에 담을 때는 건더기와 국물의 비율이 1:3이 되도록 담는다.

자료 및 관련 서류

- 한식조리 전문서적
- 조리원리 전문서적, 관련 자료
- 식품재료 관련 전문서적
- 식품재료의 원가, 구매, 저장 관련서적
- 안전관리수칙 서적
- 매뉴얼에 의한 조리과정 , 조리결과 체크리스트
- 식자재 구매 명세서
- 조리도구 관련서적
- 식품영양 관련서적
- 식품가공 관련서적
- 식품위생법규 전문서적
- 원산지 확인서
- 조리도구 관리 체크리스트

장비 및 도구

- 조리용 칼, 도마, 국그릇, 탕그릇, 냄비, 전골냄비, 계량저울, 계량스푼, 조리용 젓가락, 온도계, 체, 조리용 집게, 국자, 채반, 소창(면보), 타이머 등
- 가스레인지, 전기레인지 또는 가열도구
- 조리복, 조리모, 앞치마, 조리안전화, 행주, 분리수거용 봉투 등

재료

- 채소류 등
- 육류와 육류의 뼈 등
- 가금류와 가금류의 뼈 등
- 해산물류와 건어물 등
- 장류 등

평가지침

평가방법

- 평가자는 능력단위 한식 국·탕 조리의 수행준거에 제시되어 있는 내용을 평가하기 위해 이론과 실기를 나누어 평가하거나 종합적인 결과물의 평가 등 다양한 평가 방법을 사용할 수 있다.
- 피평가자의 과정평가 및 결과평가 방법

평가방법	평가유형	
	과정평가	결과평가
A. 포트폴리오	V	V
B. 문제해결 시나리오		
C. 서술형시험	V	V
D. 논술형시험		
E. 사례연구		
F. 평가자 질문	V	V
G. 평가자 체크리스트	V	V
H. 피평가자 체크리스트		
I. 일지/저널		
J. 역할연기		
K. 구두발표		
L. 작업장평가	V	V
M. 기타		

평가 시 고려사항

- 수행준거에 제시되어 있는 내용을 성공적으로 수행할 수 있는지를 평가해야 한다.
- 평가자는 다음 사항을 평가해야 한다.
  - 조리복, 조리모 착용 및 개인 위생 준수능력
  - 위생적인 조리과정
  - 계량의 정확성
  - 식재료 전처리, 준비 과정의 적정성
  - 재료 준비과정
  - 불의 세기 조절능력
  - 국물을 음식에 따라 적절하게 우려내는 능력
  - 양념장의 활용능력
  - 재료의 특성에 따라 순서대로 조리하는 능력
  - 조리의 숙련도
  - 국, 탕 조리의 완성도
  - 조리도구의 사용 전, 후 세척
  - 조리 후 정리정돈 능력

직업기초능력

순번	직업기초능력	
	주요영역	하위영역
1	의사소통능력	경청 능력, 기초외국어 능력, 문서이해 능력, 문서작성 능력, 의사표현 능력
2	문제해결능력	문제처리 능력, 사고력
3	자기개발능력	경력개발 능력, 자기관리 능력, 자아인식 능력
4	정보능력	정보처리 능력, 컴퓨터활용 능력
5	기술능력	기술선택 능력, 기술이해 능력, 기술적용 능력
6	직업윤리	공동체윤리, 근로윤리

개발·개선 이력

구분		내용
직무명칭(능력단위명)		한식조리(한식 국 · 탕 조리)
분류번호	기존	1301010104_14v2
	현재	1301010104_16v3
개발·개선연도	현재	2016
	최초(1차)	2014
버전번호		v3
개발·개선기관	현재	(사)한국조리기능장협회
	최초(1차)	
향후 보완 연도(예정)		-

한식조리 국 · 탕

이론 & 실기

한식조리
국 · 탕 이론

◆ 국·탕(湯)

삼국시대부터 주 · 부식 분리형의 일상식이 행해졌고, 일상식의 부식 중 반찬으로 국이 기본으로 사용되어 왔다. 국은 식품의 좋은 맛이 국물에 많이 옮겨지도록 조리한 것으로 반상차림에서 필요음식 중 하나이다.

밥을 먹을 때는 "숟가락 적심"이라 하여 반드시 국이 따르게 마련이다. 국은 갱, 탕으로 표기되며 1800년대의 《시의 전서》에 처음으로 생치국이라 하여 국이라는 표현이 나온다.

채소 · 어류 · 고기 등을 넣고 물을 많이 부어 끓인 국물요리를 국이라 한다.

탕(湯)이라고도 하는데, 명확한 구분은 없고 다만 한국 고유의 말로는 '국', 한자를 받아들인 말로는 '탕'이라 하여 '국'의 높임말로 사용한다. 또한 갱(羹)이라고도 하는데 요즈음은 제사상에 놓는 국을 뜻한다.

국에다 밥을 만 음식을 탕반 또는 장국밥이라 하며, 특별히 다른 찬을 갖추지 않아도 깍두기나 김치 한 가지만 있으면 간단히 한 끼를 해결할 수 있다.

장국밥은 1800년대 말의 《시의전서》와 《규곤요람》에 나오며, 궁중의궤에 잔치나 행사 때 군인이나 악공, 여령(궁중에서 춤과 노래를 맡아 거행하던 여자)들이 먹었다는 기록이 많이 남아 있다. 《규곤요람》의 장국밥은 "국수 대신 밥을 만 것으로, 기름진 고기를 장에 조려서 그 장물을 밥 위에 붓는다"고 하였다. 장국밥은 유용함으로 보아 훨씬 이전부터 있었으나 너무 일반적인 음식이라 굳이 음식책에서 설명할 필요가 없었으리라 생각한다.

끓이기 조리법은 인류가 그릇을 발명하면서부터 있었으므로 국의 역사도 오래되었을 것으로 추측된다. 《고려사》에 왕이 밥과 국을 하사하였다는 기록으로 미루어 우리 일상식의 기본이 된 것은 고려시대로 추정된다.

가리국 만드는 법을 보면, 소의 사골과 석기살(양지머리)을 삶아서 푹 끓이면서 위에 뜨는 기름을 말끔히 걷어낸다. 커다란 삭 대접에 밥을 담고 위에 삶은 고기를 결대로 찢어 얹고, 삶은 선지도 큼직하게 썰어 얹고, 두부 한 모를 통째로 장국에 넣어 따뜻하게 데운 것과 연한 소볼깃살로 만든 육회를 얹고 뜨거운 장국을 부어낸다. 제대로 먹으려면 먼저 국물을 쭉 들이마시고 매운 양념을 넣어 비빔밥처럼 비벼서 먹는다. 밥을 다 먹고 나서는 다시 그릇에 더운 장국을 부어 마신다. 선지를 삶을 때 끓는 물에 넣으면 구멍이 숭숭 나므로 약한 불에서 서서히 삶아 물에 담가두었다가 쓴다. 가리는 갈비를 말하지만 갈비는 전혀 들어가지 않는다. 원래는 갈비를 넣고 끓였는데 차차 소갈비만이 아니라 사골과 갈비 밑에 붙은 석기살을 쓰게 되었다고도 한다.

설렁탕은 사골과 도가니, 양지머리 또는 사태를 넣고 우설, 허파, 지라 등과 잡육을 뼈째 모두 한 솥에 넣고 끓인다. 이에 비하여 곰탕은 소의 내장 중 곱창, 양, 곤자소니 등을 많이 넣고 끓인다. 설렁탕에 허파나 창자를 넣기도 하나 곰탕보다 뼈가 많이 들어가서 국물이 한결 뽀얗다. 곤자소니는 소의 창자 끝에 달린 기름기 많은 부분이고, 도가니는 무릎도가니와 소의 볼깃살 두 가지인데 보통 무릎도가니를 말한다.

곰탕은 다시마나 무를 넣어 끓이며, 국물이 진하고 기름지다. 또 설렁탕은 먹는 사람이 소금과 파를 넣고 간을 맞추지만, 곰탕은 국을 끓일 때 간장으로 간을 맞추어서 낸다. 하지만 요즘은 설렁탕이든 곰탕이든 대부분 먹을 때 소금으로 간을 맞추어 먹는다.

우리나라에서는 신라시대부터 농사의 신인 신농(神農)을 모시는 제사로 선농제, 중농제, 후농제를 지냈으나 조선시대 말에는 선농제만 남게 되었다. 지금도 서울의 동대문 밖 종암동에 선농단(先農壇)이란 곳이 남아 있는데 예전에 이곳에서 매년 경칩 후 첫 번째 해(亥)일 축(丑)시에, 임금이 신하를 거느리고 신농에 제사를 지내거나 친히 논밭을 갈아 농사의 대본을 보이는 행사인 적전지례(籍田之禮)를 행하였으며, 가끔 기우제도 지냈다고 한다. 농경제는 국가 규모로 지내고 큰 제사로 왕부터 정승, 판서, 문무백관 그리고 상민과 천민에 이르기까지 모두 나와서 소를 제물로 올렸다.

선농단에서 설렁탕을 끓였다는 기록을 남긴 임금으로는 태조, 태종, 세종 등이 있다. 《조선요리학(1940년)》에서는 "세종대왕이 친경할 때 갑자기 심한 비바람이 몰아치기 시작하여 한 걸음도 옮기지 못할 형편에다 배고픔까지 견딜 수 없게 되자 친경 때 쓰던 농우(農牛)를 잡아 맹물에 넣고 끓여서 먹었는데, 이것이 설농탕(雪濃湯)이 되었다"고 하였다.

곰탕은 곰국이라고도 하는데, 1800년대 말의 《시의전서》에 처음 나온다. 이 책에 나오는 곰국은 "큰 솥에 물을 많이 붓고 다리뼈, 사태, 도가니, 홀때기, 꼬리, 양, 곤자소니, 전복, 해삼을 넣고 은근한 불로 푹 고아야 국물이 진하고 뽀얗다"고 하였다. 이후의 음식책에도 모두 '곰국'으로 나오며 일반 가정에서도 곰탕보다는 곰국이라는 말을 더 많이 썼다. 《조선무쌍신식요리제법》의 곰국은 "고기와 데친 쇠족, 꼬리 털, 무를 통으로 넣어 곤 후 꺼내어 네모지게 썰어 간장 간을 하고, 고기는 육개장같이 썰어 장, 기름, 후춧가루, 깨소금을 쳐서 한참 주무른 후에 먹을 때 고기를 넣어 먹는다"고 하였다.

보신음식으로 개장국을 첫째로 꼽지만 안 먹는 사람이 많아 개고기 대신 소고기로 만든 탕이 육개장이다. 국을 끓이려면 먼저 소고기의 양지머리 부위를 충분히 삶아서 결대로 찢고 그 국물에 데친 파를 듬뿍 넣고, 고춧가루와 고추장을 넣어 맵고 감칠맛 나게 끓인다. 궁중의 육개장은 소의 양과 곱창도 한데 넣고 끓인다. 지방에 따라서는 숙주, 부추, 토란대, 고사리 등의 건지를 많이 넣기도 한다.

최남선의 《조선상식문답》에 보면 "복날에 개를 고아 자극성 있는 조미료를 얹은 이른바 '개방'이란 것을 시식하여 향촌 여름철의 즐거움으로 삼았다. 개고기가 식성에 맞지 않는 자는 소고기로 대신하고 이를 육개장이라 하여 시식을 빠뜨리지 않는다"고 하였다. 김화진의 《한국의 풍토와 인물》에서도 "육개장이란 개고기를 먹지 못하는 사람을 위하여 소고기로 대신 만든 것이다"고 하여 육개장이란 명칭이 생긴 원인을 밝히고 있다.

육개장은 원래 서울의 향토음식이지만 다른 지방보다 유난히 무더운 대구 지역에서는 이열치열의 여름 나기 법으로 즐겨 먹는다. 이곳에서는 육개장을 '대구창'이라 하는데 생선 '대구'도 아니고 지역이름 '대구(大邱)도 아닌 큰 개탕이라는 뜻이니 결국은 육개장과 같은 음식이다. 대구의 육개장은 쇠뼈를 오래 고아 구수하면서도 칼칼하고 얼큰하다. 소고기 외에 파, 부추, 마늘 등의 자극성 있는 채소를 듬뿍 넣고 끓이는 것이 특징이다.

해장국의 원래 명칭은 '술국'이었는데 8 · 15 해방 이후 술로 시달린 속을 풀어준다는 뜻에서 '해장국'으로 바뀌었다고 한다. 옛날 음식책에는 '해장국'이 전혀 나오지 않다가 《해동죽지(1925년)》에 '효종갱'이란 해장국이 나온다. "광주 성내 사람들은 효종갱을 잘 끓인다. 배추속대, 콩나물, 송이, 표고, 쇠갈비, 해삼, 전복을 토장에 섞어 종일 푹 곤다. 밤에 이 국항아리를 소에 싸서 서울에 보내면 새벽종이 울릴 때쯤 재상의 집에 도착한다. 국항아리가 아직 따뜻하고 해장에 더없이 좋다"고 하였다. 경기도 광주에서 떠나 새벽종이 울릴 적에 서울에 당도했다 하여 '효종갱'이라는 아름다운 이름이 붙었다.

고려 말엽에 나온 중국어 학습서인 《노걸대》에 해장국의 일종인 듯한 '성주탕'이 나온다. 설명을 보면 "육즙에 정육을 잘게 썰어 국수와 함께 넣고 천춧가루와 파를 넣는다"고 하였으니 해장국의 시초가

아닐까 생각한다.

옛날의 여러 음식책에 '연포갱'이라는 음식이 나오는데 두부와 무, 소고기, 북어, 다시마 등을 넣고 끓인 국으로 흔히 상갓집에서 발인날 끓인다. 《동국세시기》의 '10월조'에는 "두부를 가늘게 잘라 꼬챙이에 꿰어 기름에 부치다가 닭고기를 섞어 끓인 국을 연포탕(軟泡湯)이라 한다"고 하였으니 서울 지방의 오랜 시식(時食)인 듯하다.

국의 종류로는 육수나 장국에 간장 또는 소금으로 간을 맞추고 건더기를 넣어 끓인 맑은장국과, 장국에 된장 또는 고추장으로 간을 맞추고 건더기를 넣어 끓인 토장국, 고기를 푹 고아서 고기와 국물을 같이 먹는 곰국, 설렁탕, 차게 해서 먹는 냉국이 있다.

다양한 종류의 국은 주재료나 조리법을 달리하며 계절이나 부식의 종류에 따라 적절하게 먹는다. 계절별로 보면 다음과 같다. 봄에는 애탕국, 생선맑은장국, 생고사리국 등의 맑은장국과 냉이토장국, 소루쟁이토장국 등 봄나물로 끓인 국을 먹었다. 여름에는 미역냉국, 오이냉국, 깻국 등의 냉국류와 보양을 위한 육개장, 영계백숙, 계삼탕 등의 곰국류를 먹었다. 가을에는 무맑은장국, 토란국, 버섯맑은장국 등의 주로 맑은 장국류를 먹었다. 겨울에는 시금치토장국, 우거짓국, 선짓국, 꼬리탕 등 곰국류나 토장국류를 먹었다.

참고문헌

- 3대가 쓴 한국의 전통음식(황혜선 외, 교문사, 2010)
- 고려이전 한국식생활사 연구(이성우, 향문사, 1978)
- 한국민족문화대백과사전(한국학중앙연구원, 1991)
- 한국식생활풍속(강인희 · 이경복, 삼영사, 1984)
- 한국음식역사와 조리(윤서석, 수학사, 1983)
- 한국의 음식문화(이효지, 신광출판사, 1998)

Memo

무맑은국

재료

- 무 150g
- 소고기 사태 100g
- 참기름 약간
- 다시마 5cm
- 대파 50g
- 물 5컵
- 국간장 1/2작은술
- 소금 1/4작은술
- 다진 마늘 1/2작은술
- 후춧가루 약간

만드는 법

재료 확인하기

1 무, 소고기 사태, 다시마 등 확인하기

사용할 도구 선택하기

2 냄비, 나무젓가락 등을 선택하여 준비한다.

재료 계량하기

3 각각의 재료 분량을 컵과 계량스푼, 저울로 계량하기

재료 준비하기

4 무는 2.5cm×2.5cm×0.3cm 크기로 나박썰기를 한다.
5 소고기를 찬물에 담가 핏물을 제거한다.
6 다시마 젖은 행주로 닦는다.
7 대파는 어슷썰기를 한다.

조리하기

8 냄비에 찬물과 다시마를 넣어 끓인다. 물이 끓어오르면 다시마를 건진다. 2.5cm×2.5cm 크기로 다시마를 썬다.
9 소고기를 찬물에 넣어 끓인다. 불을 줄여 살살 끓도록 한다. 고기는 건져 나박썰기를 한다.
10 냄비에 참기름을 두르고 무를 볶다가 소고기육수와 다시마육수를 부어 무가 말갛게 익을 때까지 끓인다. 소고기 썰어 놓은 것과 다시마를 넣고 국간장, 다진 마늘, 후춧가루, 소금을 넣어 간을 한다.
11 대파를 넣고 한소끔 더 끓인다.

담아 완성하기

12 무맑은국의 그릇을 선택한다.
13 그릇에 무맑은국을 따뜻하게 담아낸다.

평가자 체크리스트

학습내용	평가 항목	성취수준		
		상	중	하
국, 탕 재료 준비 및 계량	재료에 따라 계량하는 능력			
	재료에 따라 전처리 하는 능력			
국, 탕 육수 제조	육수를 끓일 때 재료를 넣는 방법과 불조절하는 능력			
	불순물을 제거하는 능력			
국, 탕 조리	물 또는 육수에 재료를 넣는 순서의 적절성			
	부재료를 넣는 시기와 분량			
	양념을 넣는 시기와 분량			
	끓이는 시간과 화력의 적절성			
국, 탕 그릇 선택	국이나 탕의 그릇을 선택하는 능력			
	계절에 적합한 그릇을 선택하는 능력			
국, 탕 제공	국물과 건더기의 비율을 고려하여 담는 능력			
	고명을 적절하게 선택하는 능력			
	국과 탕을 적절한 온도로 제공하는 능력			

서술형 시험

학습내용	평가 항목	성취수준		
		상	중	하
국, 탕 재료 준비 및 계량	재료에 따라 계량하는 방법			
	조리원리를 바탕으로 육류, 어류, 어패류, 채소류 등을 조리 목적에 맞게 전처리 하는 방법			
국, 탕 육수 제조	육수를 끓일 때 재료 넣는 방법과 불 조절방법			
	육수를 뜨겁게 또는 차게 보관 시 취급 방법			
국, 탕 조리	물 또는 육수에 재료를 넣는 순서와 이유			
	양념을 넣는 적합한 시기			
	화력 조절 방법 및 화력을 조절해야 하는 이유			
	국과 탕의 품질을 평가하는 방법			
국, 탕 그릇 선택	국과 탕 그릇을 선택할 때 고려할 사항			
	계절에 따른 그릇 선택 방법			
국, 탕 제공	국물과 건더기의 비율			
	국과 탕에 어울리는 고명			

작업장 평가

학습내용	평가 항목	성취수준		
		상	중	하
국, 탕 재료 준비 및 계량	조리 목적과 분량에 맞게 재료와 도구를 준비하는 능력			
	재료에 따라 측정도구를 선택하고 계량하는 능력			
	재료를 조리목적에 맞게 전처리 하는 능력			
국, 탕 육수 제조	육수를 끓일 때 재료 넣는 방법과 불을 조절하는 능력			
	맑은 육수를 끓이기 위해 불순물을 제거하는 능력			
	육수를 뜨겁게 또는 차게 보관할 때 위생적으로 처리하는 능력			
국, 탕 조리	물이나 육수에 재료를 넣는 적절성			
	부재료와 양념을 넣는 시기			
	화력 조절 능력			
	위생적으로 처리하는 능력			
국, 탕 그릇 선택	국과 탕에 사용할 그릇을 선택하는 능력			
	계절을 고려하여 그릇을 선택하는 능력			
국, 탕 제공	국물과 건더기의 비율을 고려하여 담는 능력			
	고명을 어울리게 선택하여 담는 능력			

학습자 완성품 사진

시금치토장국

재료

- 시금치 250g
- 대파 100g
- 소고기 양지머리 80g
- 물 8컵
- 된장 3큰술
- 고추장 2작은술
- 다진 마늘 1작은술
- 소금 약간

삶는 물

- 물 2컵
- 소금 1/2작은술

고기양념

- 국간장 1작은술
- 다진 대파 1/4작은술
- 다진 마늘 1/4작은술
- 참기름 1/5작은술
- 후춧가루 1/8작은술

만드는 법

재료 확인하기

1 시금치, 대파, 소고기 양지, 된장, 고추장 등 확인하기

사용할 도구 선택하기

2 냄비, 나무젓가락 등을 선택하여 준비한다.

재료 계량하기

3 각각의 재료 분량을 컵과 계량스푼, 저울로 계량하기

재료 준비하기

4 시금치는 다듬어서 씻고 4cm 길이로 썬다.
5 대파는 어슷썰기를 한다.
6 소고기는 얇게 저며 썬다.

조리하기

7 끓는 소금물에 시금치를 데쳐 찬물에 헹군다.
8 썬 소고기는 국간장, 대파, 마늘, 참기름, 후춧가루를 넣어 조물조물 양념을 한다.
9 양념한 고기는 끓는 물에 넣어 고기가 푹 무르게 끓이고 된장, 고추장을 풀어 넣어 끓인다. 국물이 끓어 맛이 들면 데친 시금치, 대파, 마늘을 넣어 한소끔 더 끓이고 소금으로 간을 한다.

담아 완성하기

10 시금치토장국의 그릇을 선택한다.
11 시금치토장국을 따뜻하게 담아낸다.

평가자 체크리스트

학습내용	평가 항목	성취수준		
		상	중	하
국, 탕 재료 준비 및 계량	재료에 따라 계량하는 능력			
	재료에 따라 전처리 하는 능력			
국, 탕 육수 제조	육수를 끓일 때 재료를 넣는 방법과 불조절하는 능력			
	불순물을 제거하는 능력			
국, 탕 조리	물 또는 육수에 재료를 넣는 순서의 적절성			
	부재료를 넣는 시기와 분량			
	양념을 넣는 시기와 분량			
	끓이는 시간과 화력의 적절성			
국, 탕 그릇 선택	국이나 탕의 그릇을 선택하는 능력			
	계절에 적합한 그릇을 선택하는 능력			
국, 탕 제공	국물과 건더기의 비율을 고려하여 담는 능력			
	고명을 적절하게 선택하는 능력			
	국과 탕을 적절한 온도로 제공하는 능력			

서술형 시험

학습내용	평가 항목	성취수준		
		상	중	하
국, 탕 재료 준비 및 계량	재료에 따라 계량하는 방법			
	조리원리를 바탕으로 육류, 어류, 어패류, 채소류 등을 조리 목적에 맞게 전처리 하는 방법			
국, 탕 육수 제조	육수를 끓일 때 재료 넣는 방법과 불 조절방법			
	육수를 뜨겁게 또는 차게 보관 시 취급 방법			
국, 탕 조리	물 또는 육수에 재료를 넣는 순서와 이유			
	양념을 넣는 적합한 시기			
	화력 조절 방법 및 화력을 조절해야 하는 이유			
	국과 탕의 품질을 평가하는 방법			
국, 탕 그릇 선택	국과 탕 그릇을 선택할 때 고려할 사항			
	계절에 따른 그릇 선택 방법			
국, 탕 제공	국물과 건더기의 비율			
	국과 탕에 어울리는 고명			

작업장 평가

학습내용	평가 항목	성취수준		
		상	중	하
국, 탕 재료 준비 및 계량	조리 목적과 분량에 맞게 재료와 도구를 준비하는 능력			
	재료에 따라 측정도구를 선택하고 계량하는 능력			
	재료를 조리목적에 맞게 전처리 하는 능력			
국, 탕 육수 제조	육수를 끓일 때 재료 넣는 방법과 불을 조절하는 능력			
	맑은 육수를 끓이기 위해 불순물을 제거하는 능력			
	육수를 뜨겁게 또는 차게 보관할 때 위생적으로 처리하는 능력			
국, 탕 조리	물이나 육수에 재료를 넣는 적절성			
	부재료와 양념을 넣는 시기			
	화력 조절 능력			
	위생적으로 처리하는 능력			
국, 탕 그릇 선택	국과 탕에 사용할 그릇을 선택하는 능력			
	계절을 고려하여 그릇을 선택하는 능력			
국, 탕 제공	국물과 건더기의 비율을 고려하여 담는 능력			
	고명을 어울리게 선택하여 담는 능력			

학습자 완성품 사진

냉이된장국

재료

- 냉이 150g
- 바지락 100g
- 물 3컵
- 대파 100g
- 다진 마늘 2작은술
- 된장 2큰술
- 고추장 1작은술
- 소금 약간

삶는 물

- 물 2컵
- 소금 1/2작은술

만드는 법

재료 확인하기

1 냉이, 바지락, 대파, 된장, 고추장 등 확인하기

사용할 도구 선택하기

2 냄비, 나무젓가락 등을 선택하여 준비한다.

재료 계량하기

3 각각의 재료 분량을 컵과 계량스푼, 저울로 계량하기

재료 준비하기

4 냉이는 깨끗하게 다듬어 씻는다. 4cm 길이로 썬다.
5 바지락은 소금물에 담가 해감을 한다.
6 대파는 어슷썰기를 한다.

조리하기

7 끓는 소금물에 냉이를 데친다. 찬물에 헹구어 물기를 짠다.
8 냄비에 물 3컵, 바지락을 넣어 끓이고, 바지락의 입이 벌어지면 국물에 흔들어 건지고 국물은 면포에 거른다.
9 조개국물에 된장, 고추장을 체에 걸러 풀어서 끓인다. 냉이, 마늘, 대파를 넣어 맛이 어우러지도록 끓인다.
10 조개를 넣어 한소끔 더 끓인다.

담아 완성하기

11 냉이된장국 담을 그릇을 선택한다.
12 냉이된장국을 따뜻하게 담아낸다.

평가자 체크리스트

학습내용	평가 항목	성취수준		
		상	중	하
국, 탕 재료 준비 및 계량	재료에 따라 계량하는 능력			
	재료에 따라 전처리 하는 능력			
국, 탕 육수 제조	육수를 끓일 때 재료를 넣는 방법과 불조절하는 능력			
	불순물을 제거하는 능력			
국, 탕 조리	물 또는 육수에 재료를 넣는 순서의 적절성			
	부재료를 넣는 시기와 분량			
	양념을 넣는 시기와 분량			
	끓이는 시간과 화력의 적절성			
국, 탕 그릇 선택	국이나 탕의 그릇을 선택하는 능력			
	계절에 적합한 그릇을 선택하는 능력			
국, 탕 제공	국물과 건더기의 비율을 고려하여 담는 능력			
	고명을 적절하게 선택하는 능력			
	국과 탕을 적절한 온도로 제공하는 능력			

서술형 시험

학습내용	평가 항목	성취수준		
		상	중	하
국, 탕 재료 준비 및 계량	재료에 따라 계량하는 방법			
	조리원리를 바탕으로 육류, 어류, 어패류, 채소류 등을 조리 목적에 맞게 전처리 하는 방법			
국, 탕 육수 제조	육수를 끓일 때 재료 넣는 방법과 불 조절방법			
	육수를 뜨겁게 또는 차게 보관 시 취급 방법			
국, 탕 조리	물 또는 육수에 재료를 넣는 순서와 이유			
	양념을 넣는 적합한 시기			
	화력 조절 방법 및 화력을 조절해야 하는 이유			
	국과 탕의 품질을 평가하는 방법			
국, 탕 그릇 선택	국과 탕 그릇을 선택할 때 고려할 사항			
	계절에 따른 그릇 선택 방법			
국, 탕 제공	국물과 건더기의 비율			
	국과 탕에 어울리는 고명			

작업장 평가

학습내용	평가 항목	성취수준		
		상	중	하
국, 탕 재료 준비 및 계량	조리 목적과 분량에 맞게 재료와 도구를 준비하는 능력			
	재료에 따라 측정도구를 선택하고 계량하는 능력			
	재료를 조리목적에 맞게 전처리 하는 능력			
국, 탕 육수 제조	육수를 끓일 때 재료 넣는 방법과 불을 조절하는 능력			
	맑은 육수를 끓이기 위해 불순물을 제거하는 능력			
	육수를 뜨겁게 또는 차게 보관할 때 위생적으로 처리하는 능력			
국, 탕 조리	물이나 육수에 재료를 넣는 적절성			
	부재료와 양념을 넣는 시기			
	화력 조절 능력			
	위생적으로 처리하는 능력			
국, 탕 그릇 선택	국과 탕에 사용할 그릇을 선택하는 능력			
	계절을 고려하여 그릇을 선택하는 능력			
국, 탕 제공	국물과 건더기의 비율을 고려하여 담는 능력			
	고명을 어울리게 선택하여 담는 능력			

학습자 완성품 사진

선짓국

재료

- 선지 300g
- 삶은 우거지 150g
- 콩나물 100g

육수

- 국물용 멸치 50g
- 물 5컵

삶는 물

- 물 2컵
- 소금 1/2작은술

양념

- 된장 3큰술
- 고추장 1/2큰술
- 국간장 1/2큰술
- 다진 대파 2큰술
- 다진 마늘 1큰술
- 소금 약간

만드는 법

재료 확인하기

1 선지, 우거지, 콩나물, 대파, 된장, 고추장 등 확인하기

사용할 도구 선택하기

2 냄비, 나무젓가락 등을 선택하여 준비한다.

재료 계량하기

3 각각의 재료 분량을 컵과 계량스푼, 저울로 계량하기

재료 준비하기

4 삶은 우거지는 끓는 소금물에 살짝 데쳐 찬물에 헹구고, 껍질을 벗겨 5cm 길이로 썬다.
5 콩나물은 깨끗하게 씻는다.
6 멸치는 아가미와 내장을 제거한다.

조리하기

7 냄비에 멸치를 노릇노릇하게 볶는다.
8 냄비에 끓는 물이 끓으면 볶은 멸치를 넣어 10분 정도 끓인다. 고운 체에 거른다.
9 선지는 끓는 물에 한 국자씩 떠 넣어 삶은 후 찬물에 헹군다.
10 냄비에 육수를 넣고 된장과 고추장을 푼 다음 선지, 우거지, 콩나물을 넣어 끓인다.
11 국간장, 다진 대파, 다진 마늘을 넣고 소금으로 간을 한다.

담아 완성하기

12 선짓국 담을 그릇을 선택한다.
13 선짓국을 따뜻하게 담아낸다.

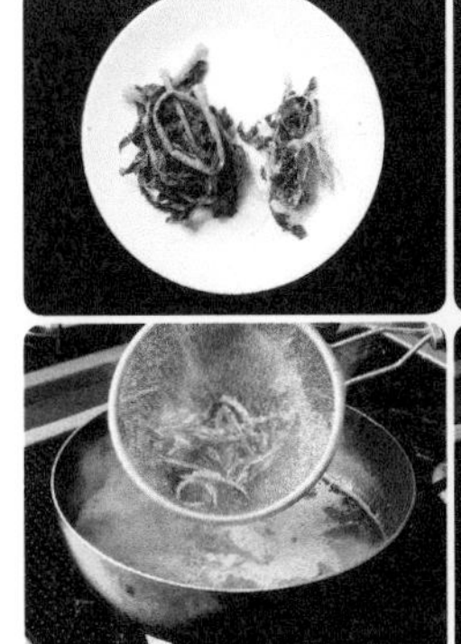

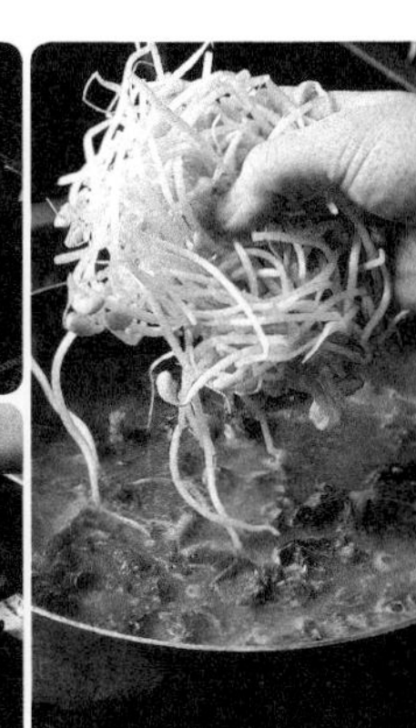

평가자 체크리스트

학습내용	평가 항목	성취수준		
		상	중	하
국, 탕 재료 준비 및 계량	재료에 따라 계량하는 능력			
	재료에 따라 전처리 하는 능력			
국, 탕 육수 제조	육수를 끓일 때 재료를 넣는 방법과 불조절하는 능력			
	불순물을 제거하는 능력			
국, 탕 조리	물 또는 육수에 재료를 넣는 순서의 적절성			
	부재료를 넣는 시기와 분량			
	양념을 넣는 시기와 분량			
	끓이는 시간과 화력의 적절성			
국, 탕 그릇 선택	국이나 탕의 그릇을 선택하는 능력			
	계절에 적합한 그릇을 선택하는 능력			
국, 탕 제공	국물과 건더기의 비율을 고려하여 담는 능력			
	고명을 적절하게 선택하는 능력			
	국과 탕을 적절한 온도로 제공하는 능력			

서술형 시험

학습내용	평가 항목	성취수준		
		상	중	하
국, 탕 재료 준비 및 계량	재료에 따라 계량하는 방법			
	조리원리를 바탕으로 육류, 어류, 어패류, 채소류 등을 조리 목적에 맞게 전처리 하는 방법			
국, 탕 육수 제조	육수를 끓일 때 재료 넣는 방법과 불 조절방법			
	육수를 뜨겁게 또는 차게 보관 시 취급 방법			
국, 탕 조리	물 또는 육수에 재료를 넣는 순서와 이유			
	양념을 넣는 적합한 시기			
	화력 조절 방법 및 화력을 조절해야 하는 이유			
	국과 탕의 품질을 평가하는 방법			
국, 탕 그릇 선택	국과 탕 그릇을 선택할 때 고려할 사항			
	계절에 따른 그릇 선택 방법			
국, 탕 제공	국물과 건더기의 비율			
	국과 탕에 어울리는 고명			

작업장 평가

학습내용	평가 항목	성취수준		
		상	중	하
국, 탕 재료 준비 및 계량	조리 목적과 분량에 맞게 재료와 도구를 준비하는 능력			
	재료에 따라 측정도구를 선택하고 계량하는 능력			
	재료를 조리목적에 맞게 전처리 하는 능력			
국, 탕 육수 제조	육수를 끓일 때 재료 넣는 방법과 불을 조절하는 능력			
	맑은 육수를 끓이기 위해 불순물을 제거하는 능력			
	육수를 뜨겁게 또는 차게 보관할 때 위생적으로 처리하는 능력			
국, 탕 조리	물이나 육수에 재료를 넣는 적절성			
	부재료와 양념을 넣는 시기			
	화력 조절 능력			
	위생적으로 처리하는 능력			
국, 탕 그릇 선택	국과 탕에 사용할 그릇을 선택하는 능력			
	계절을 고려하여 그릇을 선택하는 능력			
국, 탕 제공	국물과 건더기의 비율을 고려하여 담는 능력			
	고명을 어울리게 선택하여 담는 능력			

학습자 완성품 사진

소고기미역국

재료

- 소고기 100g
- 물 5컵
- 마른 미역 20g
- 참기름 2큰술
- 다진 마늘 1/2큰술
- 국간장 1/2큰술
- 소금 1/2작은술
- 후춧가루 약간

만드는 법

재료 확인하기

1 소고기, 마른 미역, 마늘 등 확인하기

사용할 도구 선택하기

2 냄비, 나무젓가락 등을 선택하여 준비한다.

재료 계량하기

3 각각의 재료 분량을 컵과 계량스푼, 저울로 계량하기

재료 준비하기

4 미역은 찬물에 20분 정도 불린 뒤 물에 헹궈 물기를 짜고 4cm 정도의 폭으로 썬다.

5 소고기는 찬물에 담근다.

조리하기

6 찬물에 소고기를 넣고 1시간 정도 끓인다.

7 소고기는 건져 나박썰기를 하고, 육수는 기름기를 제거한다.

8 냄비에 참기름을 두른 뒤 불린 미역을 넣고 고루 볶다가 육수를 붓고 중불에서 끓인다.

9 소고기 썰은 것, 국간장, 소금, 다진 마늘, 후춧가루를 넣고 한소끔 더 끓인다.

담아 완성하기

10 미역국 담을 그릇을 선택한다.

11 미역국을 따뜻하게 담아낸다.

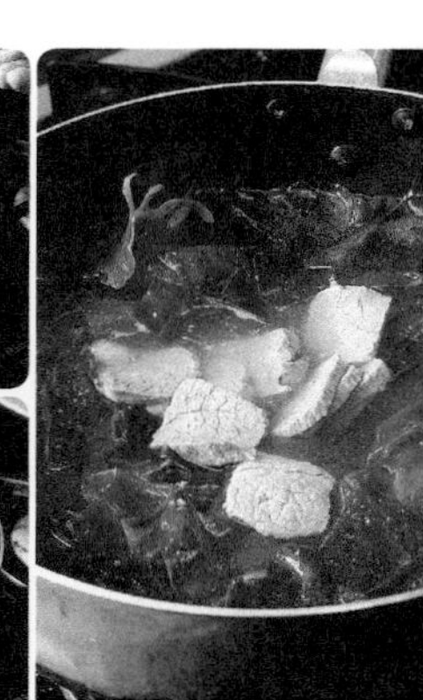

평가자 체크리스트

학습내용	평가 항목	성취수준		
		상	중	하
국, 탕 재료 준비 및 계량	재료에 따라 계량하는 능력			
	재료에 따라 전처리 하는 능력			
국, 탕 육수 제조	육수를 끓일 때 재료를 넣는 방법과 불조절하는 능력			
	불순물을 제거하는 능력			
국, 탕 조리	물 또는 육수에 재료를 넣는 순서의 적절성			
	부재료를 넣는 시기와 분량			
	양념을 넣는 시기와 분량			
	끓이는 시간과 화력의 적절성			
국, 탕 그릇 선택	국이나 탕의 그릇을 선택하는 능력			
	계절에 적합한 그릇을 선택하는 능력			
국, 탕 제공	국물과 건더기의 비율을 고려하여 담는 능력			
	고명을 적절하게 선택하는 능력			
	국과 탕을 적절한 온도로 제공하는 능력			

서술형 시험

학습내용	평가 항목	성취수준		
		상	중	하
국, 탕 재료 준비 및 계량	재료에 따라 계량하는 방법			
	조리원리를 바탕으로 육류, 어류, 어패류, 채소류 등을 조리 목적에 맞게 전처리 하는 방법			
국, 탕 육수 제조	육수를 끓일 때 재료 넣는 방법과 불 조절방법			
	육수를 뜨겁게 또는 차게 보관 시 취급 방법			
국, 탕 조리	물 또는 육수에 재료를 넣는 순서와 이유			
	양념을 넣는 적합한 시기			
	화력 조절 방법 및 화력을 조절해야 하는 이유			
	국과 탕의 품질을 평가하는 방법			
국, 탕 그릇 선택	국과 탕 그릇을 선택할 때 고려할 사항			
	계절에 따른 그릇 선택 방법			
국, 탕 제공	국물과 건더기의 비율			
	국과 탕에 어울리는 고명			

작업장 평가

학습내용	평가 항목	성취수준		
		상	중	하
국, 탕 재료 준비 및 계량	조리 목적과 분량에 맞게 재료와 도구를 준비하는 능력			
	재료에 따라 측정도구를 선택하고 계량하는 능력			
	재료를 조리목적에 맞게 전처리 하는 능력			
국, 탕 육수 제조	육수를 끓일 때 재료 넣는 방법과 불을 조절하는 능력			
	맑은 육수를 끓이기 위해 불순물을 제거하는 능력			
	육수를 뜨겁게 또는 차게 보관할 때 위생적으로 처리하는 능력			
국, 탕 조리	물이나 육수에 재료를 넣는 적절성			
	부재료와 양념을 넣는 시기			
	화력 조절 능력			
	위생적으로 처리하는 능력			
국, 탕 그릇 선택	국과 탕에 사용할 그릇을 선택하는 능력			
	계절을 고려하여 그릇을 선택하는 능력			
국, 탕 제공	국물과 건더기의 비율을 고려하여 담는 능력			
	고명을 어울리게 선택하여 담는 능력			

학습자 완성품 사진

북엇국

재료

- 북어 1/2마리
- 소고기 50g
- 물 4컵
- 국간장 1/2작은술
- 달걀 1개
- 쪽파 1개
- 붉은 고추 1/4개
- 밀가루 1큰술

북어양념

- 국간장 1작은술
- 참기름 1작은술
- 후춧가루 1/8작은술

고기양념

- 국간장 1작은술
- 참기름 1/2작은술
- 다진 마늘 1/2작은술
- 후춧가루 1/8작은술

만드는 법

재료 확인하기

1 북어, 소고기, 달걀, 쪽파 등 확인하기

사용할 도구 선택하기

2 냄비, 나무젓가락 등을 선택하여 준비한다.

재료 계량하기

3 각각의 재료 분량을 컵과 계량스푼, 저울로 계량하기

재료 준비하기

4 북어는 젖은 베보자기에 싸서 불린다. 껍질과 뼈를 발라내고 3cm 길이로 뜯어 손질한다.
5 소고기는 납작하게 썬다.
6 달걀을 풀어 놓는다.
7 쪽파는 2.5cm 길이로 썬다.
8 붉은 고추는 둥글고 얇게 썰어 씨를 뺀다.

조리하기

9 손질한 북어는 국간장, 참기름, 후춧가루로 양념을 한다.
10 썰은 소고기는 국간장, 참기름, 다진 마늘, 후춧가루로 양념을 한다.
11 냄비에 물 4컵과 양념한 소고기를 넣어 끓인다.
12 양념한 북어는 밀가루를 묻혀 달걀물에 담갔다가 끓는 소고기 국물에 넣는다.
13 맛이 어우러지면 쪽파, 붉은 고추를 넣는다.

담아 완성하기

14 북엇국 담을 그릇을 선택한다.
15 북엇국을 따뜻하게 담아낸다.

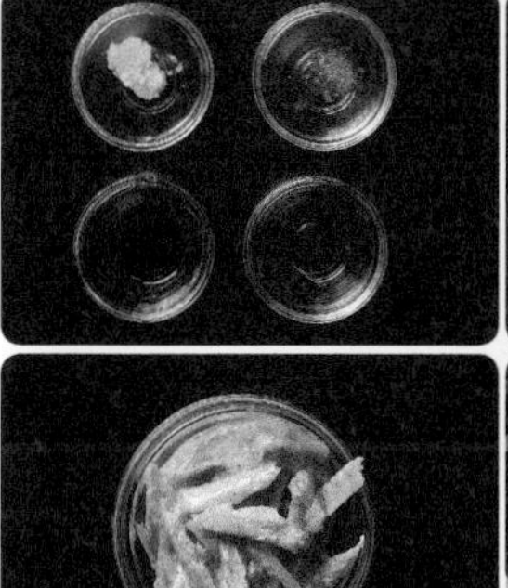

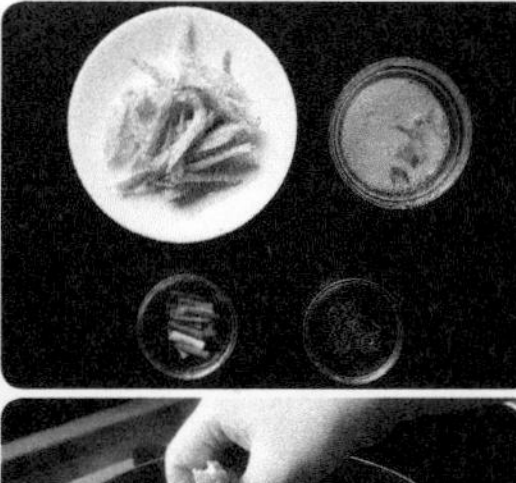

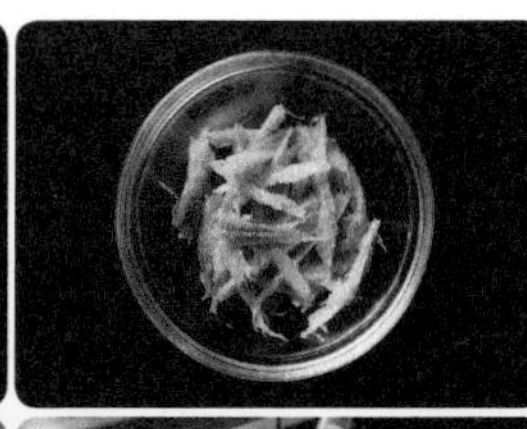

평가자 체크리스트

학습내용	평가 항목	성취수준		
		상	중	하
국, 탕 재료 준비 및 계량	재료에 따라 계량하는 능력			
	재료에 따라 전처리 하는 능력			
국, 탕 육수 제조	육수를 끓일 때 재료를 넣는 방법과 불조절하는 능력			
	불순물을 제거하는 능력			
국, 탕 조리	물 또는 육수에 재료를 넣는 순서의 적절성			
	부재료를 넣는 시기와 분량			
	양념을 넣는 시기와 분량			
	끓이는 시간과 화력의 적절성			
국, 탕 그릇 선택	국이나 탕의 그릇을 선택하는 능력			
	계절에 적합한 그릇을 선택하는 능력			
국, 탕 제공	국물과 건더기의 비율을 고려하여 담는 능력			
	고명을 적절하게 선택하는 능력			
	국과 탕을 적절한 온도로 제공하는 능력			

서술형 시험

학습내용	평가 항목	성취수준		
		상	중	하
국, 탕 재료 준비 및 계량	재료에 따라 계량하는 방법			
	조리원리를 바탕으로 육류, 어류, 어패류, 채소류 등을 조리 목적에 맞게 전처리 하는 방법			
국, 탕 육수 제조	육수를 끓일 때 재료 넣는 방법과 불 조절방법			
	육수를 뜨겁게 또는 차게 보관 시 취급 방법			
국, 탕 조리	물 또는 육수에 재료를 넣는 순서와 이유			
	양념을 넣는 적합한 시기			
	화력 조절 방법 및 화력을 조절해야 하는 이유			
	국과 탕의 품질을 평가하는 방법			
국, 탕 그릇 선택	국과 탕 그릇을 선택할 때 고려할 사항			
	계절에 따른 그릇 선택 방법			
국, 탕 제공	국물과 건더기의 비율			
	국과 탕에 어울리는 고명			

작업장 평가

학습내용	평가 항목	성취수준		
		상	중	하
국, 탕 재료 준비 및 계량	조리 목적과 분량에 맞게 재료와 도구를 준비하는 능력			
	재료에 따라 측정도구를 선택하고 계량하는 능력			
	재료를 조리목적에 맞게 전처리 하는 능력			
국, 탕 육수 제조	육수를 끓일 때 재료 넣는 방법과 불을 조절하는 능력			
	맑은 육수를 끓이기 위해 불순물을 제거하는 능력			
	육수를 뜨겁게 또는 차게 보관할 때 위생적으로 처리하는 능력			
국, 탕 조리	물이나 육수에 재료를 넣는 적절성			
	부재료와 양념을 넣는 시기			
	화력 조절 능력			
	위생적으로 처리하는 능력			
국, 탕 그릇 선택	국과 탕에 사용할 그릇을 선택하는 능력			
	계절을 고려하여 그릇을 선택하는 능력			
국, 탕 제공	국물과 건더기의 비율을 고려하여 담는 능력			
	고명을 어울리게 선택하여 담는 능력			

학습자 완성품 사진

무굴국

재료

- 굴 300g
- 소금 1작은술
- 무 350g
- 부추 30g
- 대파 1/2대
- 국간장 2/3작은술
- 소금 1작은술

육수

- 국물용 멸치 15마리
- 다시마 1장
- 물 7컵

양념

- 국간장 1작은술
- 참기름 1/2작은술
- 다진 마늘 1/2작은술
- 후춧가루 1/8작은술

만드는 법

재료 확인하기

1 굴, 무, 부추, 대파, 국물용 멸치 등 확인하기

사용할 도구 선택하기

2 냄비, 나무젓가락 등을 선택하여 준비한다.

재료 계량하기

3 각각의 재료 분량을 컵과 계량스푼, 저울로 계량하기

재료 준비하기

4 굴은 소금물에 담가 흔들어 씻어 물기를 뺀다.
5 무는 사방 3cm×3cm×0.4cm 두께로 썬다.
6 부추는 4cm 길이로 썬다.
7 대파는 어슷썰기를 한다.
8 다시마는 젖은 행주로 닦는다.
9 멸치는 아가미와 내장을 제거한다.

조리하기

10 냄비에 멸치를 넣어 노릇노릇하게 볶는다.
11 냄비에 찬물 7컵을 부어 다시마를 넣고 끓인다. 물이 끓으면 다시마를 건지고 볶은 멸치를 넣어 10분 정도 끓인다. 멸치를 고운체로 건진다.
12 무를 넣고 15분 정도 끓여 말갛게 익으면 국간장을 넣은 뒤 굴을 넣고 끓인다.
13 굴이 어느 정도 익으면 부추, 대파를 넣은 뒤 센 불로 한소끔 끓이고 소금으로 간을 한다.

담아 완성하기

14 무굴국 담을 그릇을 선택한다.
15 무굴국을 따뜻하게 담아낸다.

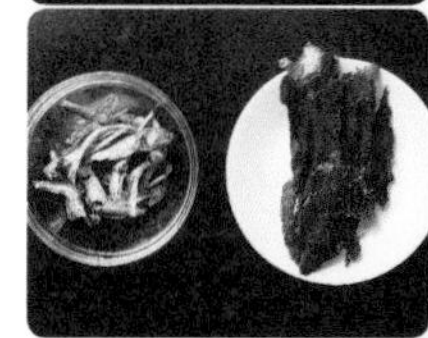

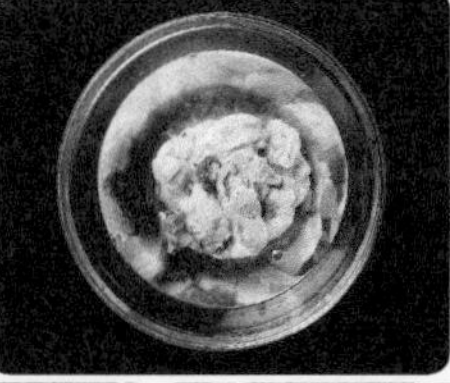

평가자 체크리스트

학습내용	평가 항목	성취수준		
		상	중	하
국, 탕 재료 준비 및 계량	재료에 따라 계량하는 능력			
	재료에 따라 전처리 하는 능력			
국, 탕 육수 제조	육수를 끓일 때 재료를 넣는 방법과 불조절하는 능력			
	불순물을 제거하는 능력			
국, 탕 조리	물 또는 육수에 재료를 넣는 순서의 적절성			
	부재료를 넣는 시기와 분량			
	양념을 넣는 시기와 분량			
	끓이는 시간과 화력의 적절성			
국, 탕 그릇 선택	국이나 탕의 그릇을 선택하는 능력			
	계절에 적합한 그릇을 선택하는 능력			
국, 탕 제공	국물과 건더기의 비율을 고려하여 담는 능력			
	고명을 적절하게 선택하는 능력			
	국과 탕을 적절한 온도로 제공하는 능력			

서술형 시험

학습내용	평가 항목	성취수준		
		상	중	하
국, 탕 재료 준비 및 계량	재료에 따라 계량하는 방법			
	조리원리를 바탕으로 육류, 어류, 어패류, 채소류 등을 조리 목적에 맞게 전처리 하는 방법			
국, 탕 육수 제조	육수를 끓일 때 재료 넣는 방법과 불 조절방법			
	육수를 뜨겁게 또는 차게 보관 시 취급 방법			
국, 탕 조리	물 또는 육수에 재료를 넣는 순서와 이유			
	양념을 넣는 적합한 시기			
	화력 조절 방법 및 화력을 조절해야 하는 이유			
	국과 탕의 품질을 평가하는 방법			
국, 탕 그릇 선택	국과 탕 그릇을 선택할 때 고려할 사항			
	계절에 따른 그릇 선택 방법			
국, 탕 제공	국물과 건더기의 비율			
	국과 탕에 어울리는 고명			

작업장 평가

학습내용	평가 항목	성취수준		
		상	중	하
국, 탕 재료 준비 및 계량	조리 목적과 분량에 맞게 재료와 도구를 준비하는 능력			
	재료에 따라 측정도구를 선택하고 계량하는 능력			
	재료를 조리목적에 맞게 전처리 하는 능력			
국, 탕 육수 제조	육수를 끓일 때 재료 넣는 방법과 불을 조절하는 능력			
	맑은 육수를 끓이기 위해 불순물을 제거하는 능력			
	육수를 뜨겁게 또는 차게 보관할 때 위생적으로 처리하는 능력			
국, 탕 조리	물이나 육수에 재료를 넣는 적절성			
	부재료와 양념을 넣는 시기			
	화력 조절 능력			
	위생적으로 처리하는 능력			
국, 탕 그릇 선택	국과 탕에 사용할 그릇을 선택하는 능력			
	계절을 고려하여 그릇을 선택하는 능력			
국, 탕 제공	국물과 건더기의 비율을 고려하여 담는 능력			
	고명을 어울리게 선택하여 담는 능력			

학습자 완성품 사진

오징어뭇국

재료

- 오징어 1마리
- 무 150g
- 대파 1/2개
- 붉은 고추 1개
- 고추장 1큰술
- 다진 마늘 1큰술
- 후춧가루 약간

육수

- 다시마 2g
- 물 3컵

만드는 법

재료 확인하기

1 오징어, 무, 대파, 붉은 고추 등 확인하기

사용할 도구 선택하기

2 냄비, 나무젓가락 등을 선택하여 준비한다.

재료 계량하기

3 각각의 재료 분량을 컵과 계량스푼, 저울로 계량하기

재료 준비하기

4 오징어는 껍질을 벗기고 1cm 정도의 굵기로 둥글게 썬다.
5 무는 3cm×3cm×0.4cm 크기로 썬다.
6 대파와 붉은 고추는 어슷썬다.

조리하기

7 냄비에 찬물, 다시마를 넣고 끓으면 다시마는 건져낸다.
8 다시마 국물에 무를 넣고 투명해질 때까지 익힌다.
9 무가 투명하게 익으면 고추장, 오징어를 넣고 끓인다. 다진 마늘, 어슷썬 대파, 붉은 고추, 후춧가루를 넣어 한소끔 더 끓인다.

담아 완성하기

10 오징어뭇국 담을 그릇을 선택한다.
11 오징어뭇국을 따뜻하게 담아낸다.

평가자 체크리스트

학습내용	평가 항목	성취수준		
		상	중	하
국, 탕 재료 준비 및 계량	재료에 따라 계량하는 능력			
	재료에 따라 전처리 하는 능력			
국, 탕 육수 제조	육수를 끓일 때 재료를 넣는 방법과 불조절하는 능력			
	불순물을 제거하는 능력			
국, 탕 조리	물 또는 육수에 재료를 넣는 순서의 적절성			
	부재료를 넣는 시기와 분량			
	양념을 넣는 시기와 분량			
	끓이는 시간과 화력의 적절성			
국, 탕 그릇 선택	국이나 탕의 그릇을 선택하는 능력			
	계절에 적합한 그릇을 선택하는 능력			
국, 탕 제공	국물과 건더기의 비율을 고려하여 담는 능력			
	고명을 적절하게 선택하는 능력			
	국과 탕을 적절한 온도로 제공하는 능력			

서술형 시험

학습내용	평가 항목	성취수준		
		상	중	하
국, 탕 재료 준비 및 계량	재료에 따라 계량하는 방법			
	조리원리를 바탕으로 육류, 어류, 어패류, 채소류 등을 조리 목적에 맞게 전처리 하는 방법			
국, 탕 육수 제조	육수를 끓일 때 재료 넣는 방법과 불 조절방법			
	육수를 뜨겁게 또는 차게 보관 시 취급 방법			
국, 탕 조리	물 또는 육수에 재료를 넣는 순서와 이유			
	양념을 넣는 적합한 시기			
	화력 조절 방법 및 화력을 조절해야 하는 이유			
	국과 탕의 품질을 평가하는 방법			
국, 탕 그릇 선택	국과 탕 그릇을 선택할 때 고려할 사항			
	계절에 따른 그릇 선택 방법			
국, 탕 제공	국물과 건더기의 비율			
	국과 탕에 어울리는 고명			

작업장 평가

학습내용	평가 항목	성취수준		
		상	중	하
국, 탕 재료 준비 및 계량	조리 목적과 분량에 맞게 재료와 도구를 준비하는 능력			
	재료에 따라 측정도구를 선택하고 계량하는 능력			
	재료를 조리목적에 맞게 전처리 하는 능력			
국, 탕 육수 제조	육수를 끓일 때 재료 넣는 방법과 불을 조절하는 능력			
	맑은 육수를 끓이기 위해 불순물을 제거하는 능력			
	육수를 뜨겁게 또는 차게 보관할 때 위생적으로 처리하는 능력			
국, 탕 조리	물이나 육수에 재료를 넣는 적절성			
	부재료와 양념을 넣는 시기			
	화력 조절 능력			
	위생적으로 처리하는 능력			
국, 탕 그릇 선택	국과 탕에 사용할 그릇을 선택하는 능력			
	계절을 고려하여 그릇을 선택하는 능력			
국, 탕 제공	국물과 건더기의 비율을 고려하여 담는 능력			
	고명을 어울리게 선택하여 담는 능력			

학습자 완성품 사진

황태콩나물국

재료

- 황태 1마리
- 콩나물 100g
- 붉은 고추 1/2개
- 실파 10g
- 참기름 1큰술
- 국간장 2큰술

육수

- 국물용 멸치 15마리
- 다시마 2g
- 물 5컵
- 청주 1큰술

만드는 법

재료 확인하기

1 황태, 콩나물, 붉은 고추, 실파 등 확인하기

사용할 도구 선택하기

2 냄비, 나무젓가락 등을 선택하여 준비한다.

재료 계량하기

3 각각의 재료 분량을 컵과 계량스푼, 저울로 계량하기

재료 준비하기

4 황태는 젖은 베보자기에 싸서 불린다. 껍질과 뼈를 발라내고 3cm 길이로 뜯어 손질한다.
5 콩나물은 거두절미하여 깨끗이 씻어 체에 밭쳐놓는다.
6 실파는 3cm 길이로 썬다.
7 붉은 고추는 둥글고 얇게 썬다.
8 멸치는 아가미와 내장을 제거한다.
9 다시마는 젖은 면포로 닦는다.

조리하기

10 냄비에 멸치를 넣어 노릇노릇하게 볶는다.
11 냄비에 찬물 5컵을 부어 다시마를 넣고 끓인다. 물이 끓으면 다시마를 건지고 볶은 멸치, 황태 대가리, 꼬리, 뼈를 넣어 10분 정도 끓인다. 고운체에 거른다.
12 달군 냄비에 참기름을 두르고 황태를 넣어 볶다가 육수를 부어 한소끔 끓인다. 국간장과 콩나물을 넣고 끓인다. 실파, 붉은 고추를 넣고 한소끔 더 끓인다.

담아 완성하기

13 황태콩나물국 담을 그릇을 선택한다.
14 황태콩나물국을 따뜻하게 담아낸다.

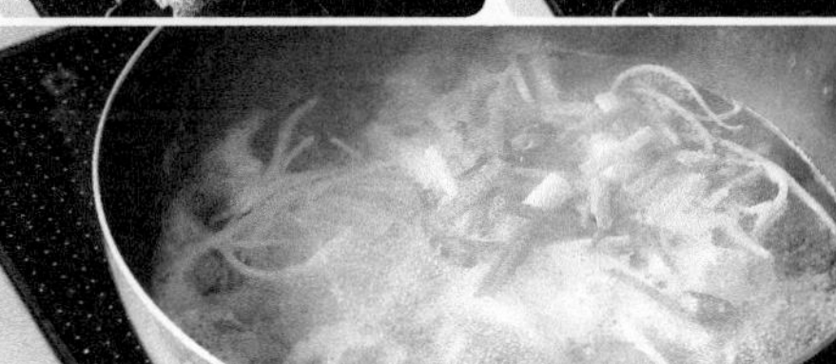

평가자 체크리스트

학습내용	평가 항목	성취수준		
		상	중	하
국, 탕 재료 준비 및 계량	재료에 따라 계량하는 능력			
	재료에 따라 전처리 하는 능력			
국, 탕 육수 제조	육수를 끓일 때 재료를 넣는 방법과 불조절하는 능력			
	불순물을 제거하는 능력			
국, 탕 조리	물 또는 육수에 재료를 넣는 순서의 적절성			
	부재료를 넣는 시기와 분량			
	양념을 넣는 시기와 분량			
	끓이는 시간과 화력의 적절성			
국, 탕 그릇 선택	국이나 탕의 그릇을 선택하는 능력			
	계절에 적합한 그릇을 선택하는 능력			
국, 탕 제공	국물과 건더기의 비율을 고려하여 담는 능력			
	고명을 적절하게 선택하는 능력			
	국과 탕을 적절한 온도로 제공하는 능력			

서술형 시험

학습내용	평가 항목	성취수준		
		상	중	하
국, 탕 재료 준비 및 계량	재료에 따라 계량하는 방법			
	조리원리를 바탕으로 육류, 어류, 어패류, 채소류 등을 조리 목적에 맞게 전처리 하는 방법			
국, 탕 육수 제조	육수를 끓일 때 재료 넣는 방법과 불 조절방법			
	육수를 뜨겁게 또는 차게 보관 시 취급 방법			
국, 탕 조리	물 또는 육수에 재료를 넣는 순서와 이유			
	양념을 넣는 적합한 시기			
	화력 조절 방법 및 화력을 조절해야 하는 이유			
	국과 탕의 품질을 평가하는 방법			
국, 탕 그릇 선택	국과 탕 그릇을 선택할 때 고려할 사항			
	계절에 따른 그릇 선택 방법			
국, 탕 제공	국물과 건더기의 비율			
	국과 탕에 어울리는 고명			

작업장 평가

학습내용	평가 항목	성취수준		
		상	중	하
국, 탕 재료 준비 및 계량	조리 목적과 분량에 맞게 재료와 도구를 준비하는 능력			
	재료에 따라 측정도구를 선택하고 계량하는 능력			
	재료를 조리목적에 맞게 전처리 하는 능력			
국, 탕 육수 제조	육수를 끓일 때 재료 넣는 방법과 불을 조절하는 능력			
	맑은 육수를 끓이기 위해 불순물을 제거하는 능력			
	육수를 뜨겁게 또는 차게 보관할 때 위생적으로 처리하는 능력			
국, 탕 조리	물이나 육수에 재료를 넣는 적절성			
	부재료와 양념을 넣는 시기			
	화력 조절 능력			
	위생적으로 처리하는 능력			
국, 탕 그릇 선택	국과 탕에 사용할 그릇을 선택하는 능력			
	계절을 고려하여 그릇을 선택하는 능력			
국, 탕 제공	국물과 건더기의 비율을 고려하여 담는 능력			
	고명을 어울리게 선택하여 담는 능력			

학습자 완성품 사진

오이냉국

재료

- 오이 1개
- 소금 1큰술
- 붉은 고추 1/2개
- 대파 50g

양념

- 국간장 2큰술
- 물 4컵
- 식초 1큰술
- 설탕 1/3작은술
- 소금 1/3작은술

만드는 법

재료 확인하기

1 오이, 붉은 고추, 대파 등 확인하기

사용할 도구 선택하기

2 냄비, 나무젓가락 등을 선택하여 준비한다.

재료 계량하기

3 각각의 재료 분량을 컵과 계량스푼, 저울로 계량하기

재료 준비하기

4 오이는 소금으로 문질러 씻는다. 씻은 오이는 곱게 채 썬다.
5 붉은 고추는 씨를 빼고 0.3cm 크기로 다진다.
6 대파의 흰 부분을 5cm 길이로 곱게 채 썬다.

조리하기

7 국간장, 물, 식초, 설탕, 소금을 잘 섞어 냉국국물을 만든다.
8 오이, 붉은 고추, 대파를 넣어 냉국을 만든다.

담아 완성하기

9 오이냉국 담을 그릇을 선택한다.
10 오이냉국을 차갑게 담아낸다.

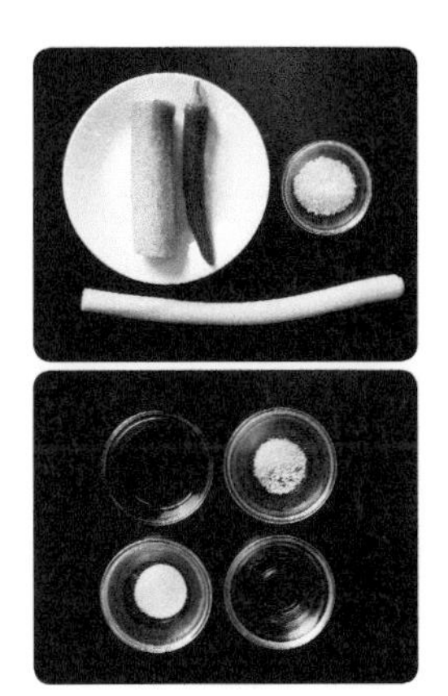

평가자 체크리스트

학습내용	평가 항목	성취수준		
		상	중	하
국, 탕 재료 준비 및 계량	재료에 따라 계량하는 능력			
	재료에 따라 전처리 하는 능력			
국, 탕 육수 제조	육수를 끓일 때 재료를 넣는 방법과 불조절하는 능력			
	불순물을 제거하는 능력			
국, 탕 조리	물 또는 육수에 재료를 넣는 순서의 적절성			
	부재료를 넣는 시기와 분량			
	양념을 넣는 시기와 분량			
	끓이는 시간과 화력의 적절성			
국, 탕 그릇 선택	국이나 탕의 그릇을 선택하는 능력			
	계절에 적합한 그릇을 선택하는 능력			
국, 탕 제공	국물과 건더기의 비율을 고려하여 담는 능력			
	고명을 적절하게 선택하는 능력			
	국과 탕을 적절한 온도로 제공하는 능력			

서술형 시험

학습내용	평가 항목	성취수준		
		상	중	하
국, 탕 재료 준비 및 계량	재료에 따라 계량하는 방법			
	조리원리를 바탕으로 육류, 어류, 어패류, 채소류 등을 조리 목적에 맞게 전처리 하는 방법			
국, 탕 육수 제조	육수를 끓일 때 재료 넣는 방법과 불 조절방법			
	육수를 뜨겁게 또는 차게 보관 시 취급 방법			
국, 탕 조리	물 또는 육수에 재료를 넣는 순서와 이유			
	양념을 넣는 적합한 시기			
	화력 조절 방법 및 화력을 조절해야 하는 이유			
	국과 탕의 품질을 평가하는 방법			
국, 탕 그릇 선택	국과 탕 그릇을 선택할 때 고려할 사항			
	계절에 따른 그릇 선택 방법			
국, 탕 제공	국물과 건더기의 비율			
	국과 탕에 어울리는 고명			

작업장 평가

학습내용	평가 항목	성취수준		
		상	중	하
국, 탕 재료 준비 및 계량	조리 목적과 분량에 맞게 재료와 도구를 준비하는 능력			
	재료에 따라 측정도구를 선택하고 계량하는 능력			
	재료를 조리목적에 맞게 전처리 하는 능력			
국, 탕 육수 제조	육수를 끓일 때 재료 넣는 방법과 불을 조절하는 능력			
	맑은 육수를 끓이기 위해 불순물을 제거하는 능력			
	육수를 뜨겁게 또는 차게 보관할 때 위생적으로 처리하는 능력			
국, 탕 조리	물이나 육수에 재료를 넣는 적절성			
	부재료와 양념을 넣는 시기			
	화력 조절 능력			
	위생적으로 처리하는 능력			
국, 탕 그릇 선택	국과 탕에 사용할 그릇을 선택하는 능력			
	계절을 고려하여 그릇을 선택하는 능력			
국, 탕 제공	국물과 건더기의 비율을 고려하여 담는 능력			
	고명을 어울리게 선택하여 담는 능력			

학습자 완성품 사진

미역냉국

재료

- 마른 미역 30g
- 오이 100g
- 소고기 30g

고기양념

- 국간장 1/2작은술
- 다진 대파 1/3작은술
- 다진 마늘 1/5작은술
- 참기름 1/2작은술
- 참깨 1/5작은술
- 후춧가루 약간

양념

- 국간장 2큰술
- 물 4컵
- 식초 1큰술
- 설탕 1/3작은술
- 소금 1/3작은술

만드는 법

재료 확인하기

1 마른 미역, 오이, 소고기 등 확인하기

사용할 도구 선택하기

2 냄비, 나무젓가락 등을 선택하여 준비한다.

재료 계량하기

3 각각의 재료 분량을 컵과 계량스푼, 저울로 계량하기

재료 준비하기

4 마른 미역은 찬물에 불려 줄기를 떼어내고 4cm 길이로 썬다.
5 오이는 씻어서 곱게 채 썬다.
6 소고기는 힘줄과 지방을 떼어내고, 곱게 다진다.

조리하기

7 다진 소고기는 고기양념을 하여 볶아 식힌다.
8 국간장, 물, 식초, 설탕, 소금을 잘 섞어 냉국국물을 만든다.
9 미역, 오이, 소고기를 넣어 냉국을 만든다.

담아 완성하기

10 미역냉국 담을 그릇을 선택한다.
11 미역냉국을 차갑게 담아낸다

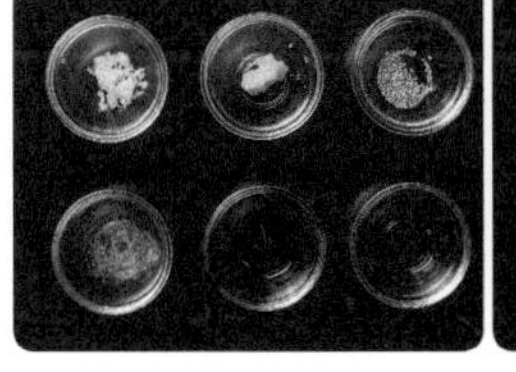

평가자 체크리스트

학습내용	평가 항목	성취수준		
		상	중	하
국, 탕 재료 준비 및 계량	재료에 따라 계량하는 능력			
	재료에 따라 전처리 하는 능력			
국, 탕 육수 제조	육수를 끓일 때 재료를 넣는 방법과 불조절하는 능력			
	불순물을 제거하는 능력			
국, 탕 조리	물 또는 육수에 재료를 넣는 순서의 적절성			
	부재료를 넣는 시기와 분량			
	양념을 넣는 시기와 분량			
	끓이는 시간과 화력의 적절성			
국, 탕 그릇 선택	국이나 탕의 그릇을 선택하는 능력			
	계절에 적합한 그릇을 선택하는 능력			
국, 탕 제공	국물과 건더기의 비율을 고려하여 담는 능력			
	고명을 적절하게 선택하는 능력			
	국과 탕을 적절한 온도로 제공하는 능력			

서술형 시험

학습내용	평가 항목	성취수준		
		상	중	하
국, 탕 재료 준비 및 계량	재료에 따라 계량하는 방법			
	조리원리를 바탕으로 육류, 어류, 어패류, 채소류 등을 조리 목적에 맞게 전처리 하는 방법			
국, 탕 육수 제조	육수를 끓일 때 재료 넣는 방법과 불 조절방법			
	육수를 뜨겁게 또는 차게 보관 시 취급 방법			
국, 탕 조리	물 또는 육수에 재료를 넣는 순서와 이유			
	양념을 넣는 적합한 시기			
	화력 조절 방법 및 화력을 조절해야 하는 이유			
	국과 탕의 품질을 평가하는 방법			
국, 탕 그릇 선택	국과 탕 그릇을 선택할 때 고려할 사항			
	계절에 따른 그릇 선택 방법			
국, 탕 제공	국물과 건더기의 비율			
	국과 탕에 어울리는 고명			

작업장 평가

학습내용	평가 항목	성취수준		
		상	중	하
국, 탕 재료 준비 및 계량	조리 목적과 분량에 맞게 재료와 도구를 준비하는 능력			
	재료에 따라 측정도구를 선택하고 계량하는 능력			
	재료를 조리목적에 맞게 전처리 하는 능력			
국, 탕 육수 제조	육수를 끓일 때 재료 넣는 방법과 불을 조절하는 능력			
	맑은 육수를 끓이기 위해 불순물을 제거하는 능력			
	육수를 뜨겁게 또는 차게 보관할 때 위생적으로 처리하는 능력			
국, 탕 조리	물이나 육수에 재료를 넣는 적절성			
	부재료와 양념을 넣는 시기			
	화력 조절 능력			
	위생적으로 처리하는 능력			
국, 탕 그릇 선택	국과 탕에 사용할 그릇을 선택하는 능력			
	계절을 고려하여 그릇을 선택하는 능력			
국, 탕 제공	국물과 건더기의 비율을 고려하여 담는 능력			
	고명을 어울리게 선택하여 담는 능력			

학습자 완성품 사진

배추속댓국

재료

- 배추속대 100g
- 무 80g
- 대파 50g
- 소고기 100g
- 물 5컵

고기양념

- 국간장 1작은술
- 다진 마늘 1작은술
- 참기름 1작은술
- 후춧가루 약간

양념

- 된장 2큰술
- 고추장 1작은술
- 다진 마늘 2작은술
- 국간장 1/2작은술
- 소금 1/3작은술

만드는 법

재료 확인하기

1 배추속대, 무, 대파, 소고기 등 확인하기

사용할 도구 선택하기

2 냄비, 나무젓가락 등을 선택하여 준비한다.

재료 계량하기

3 각각의 재료 분량을 컵과 계량스푼, 저울로 계량하기

재료 준비하기

4 배추는 연한 속대로 골라 씻어 길쭉하게 자른다.
5 무는 껍질을 벗기고 3cm×3cm×0.4cm 크기로 나박나박 썬다.
6 대파는 어슷썰기를 한다.
7 소고기는 얇게 저며 썬다.

조리하기

8 소고기는 고기양념을 하여 냄비에 볶는다. 고기가 익으면 물을 넣어 끓인다. 육수에 된장, 고추장을 망에 걸러서 풀고, 마늘, 국간장, 소금을 넣어 끓인다.
9 국물이 충분히 어우러지면 배추, 무를 넣어 끓이고, 대파를 넣어 한소끔 더 끓인다.

담아 완성하기

10 배추속댓국 담을 그릇을 선택한다.
11 배추속댓국을 따뜻하게 담아낸다.

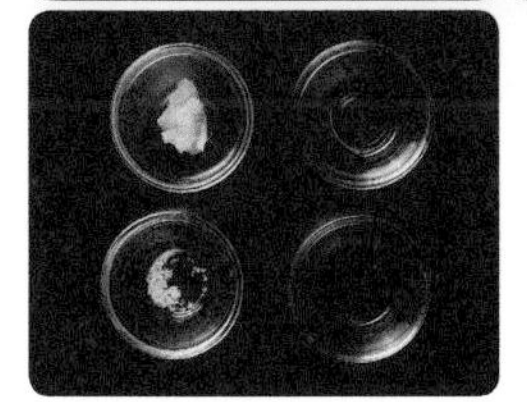

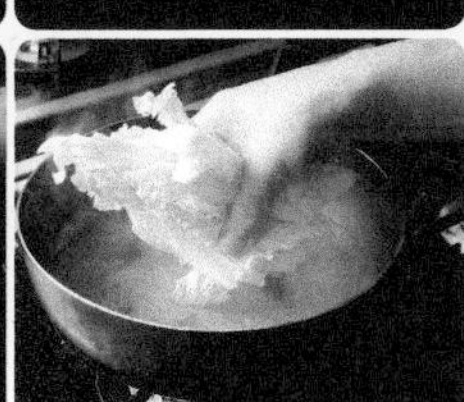

평가자 체크리스트

학습내용	평가 항목	성취수준		
		상	중	하
국, 탕 재료 준비 및 계량	재료에 따라 계량하는 능력			
	재료에 따라 전처리 하는 능력			
국, 탕 육수 제조	육수를 끓일 때 재료를 넣는 방법과 불조절하는 능력			
	불순물을 제거하는 능력			
국, 탕 조리	물 또는 육수에 재료를 넣는 순서의 적절성			
	부재료를 넣는 시기와 분량			
	양념을 넣는 시기와 분량			
	끓이는 시간과 화력의 적절성			
국, 탕 그릇 선택	국이나 탕의 그릇을 선택하는 능력			
	계절에 적합한 그릇을 선택하는 능력			
국, 탕 제공	국물과 건더기의 비율을 고려하여 담는 능력			
	고명을 적절하게 선택하는 능력			
	국과 탕을 적절한 온도로 제공하는 능력			

서술형 시험

학습내용	평가 항목	성취수준		
		상	중	하
국, 탕 재료 준비 및 계량	재료에 따라 계량하는 방법			
	조리원리를 바탕으로 육류, 어류, 어패류, 채소류 등을 조리 목적에 맞게 전처리 하는 방법			
국, 탕 육수 제조	육수를 끓일 때 재료 넣는 방법과 불 조절방법			
	육수를 뜨겁게 또는 차게 보관 시 취급 방법			
국, 탕 조리	물 또는 육수에 재료를 넣는 순서와 이유			
	양념을 넣는 적합한 시기			
	화력 조절 방법 및 화력을 조절해야 하는 이유			
	국과 탕의 품질을 평가하는 방법			
국, 탕 그릇 선택	국과 탕 그릇을 선택할 때 고려할 사항			
	계절에 따른 그릇 선택 방법			
국, 탕 제공	국물과 건더기의 비율			
	국과 탕에 어울리는 고명			

작업장 평가

학습내용	평가 항목	성취수준		
		상	중	하
국, 탕 재료 준비 및 계량	조리 목적과 분량에 맞게 재료와 도구를 준비하는 능력			
	재료에 따라 측정도구를 선택하고 계량하는 능력			
	재료를 조리목적에 맞게 전처리 하는 능력			
국, 탕 육수 제조	육수를 끓일 때 재료 넣는 방법과 불을 조절하는 능력			
	맑은 육수를 끓이기 위해 불순물을 제거하는 능력			
	육수를 뜨겁게 또는 차게 보관할 때 위생적으로 처리하는 능력			
국, 탕 조리	물이나 육수에 재료를 넣는 적절성			
	부재료와 양념을 넣는 시기			
	화력 조절 능력			
	위생적으로 처리하는 능력			
국, 탕 그릇 선택	국과 탕에 사용할 그릇을 선택하는 능력			
	계절을 고려하여 그릇을 선택하는 능력			
국, 탕 제공	국물과 건더기의 비율을 고려하여 담는 능력			
	고명을 어울리게 선택하여 담는 능력			

학습자 완성품 사진

아욱된장국

재료

- 아욱 220g
- 대파 100g
- 마른 새우 30g
- 다진 마늘 2작은술
- 된장 3큰술
- 소금 약간
- 물 5컵

만드는 법

재료 확인하기

1 아욱, 대파, 마른 새우, 된장 등 확인하기

사용할 도구 선택하기

2 냄비, 나무젓가락 등을 선택하여 준비한다.

재료 계량하기

3 각각의 재료 분량을 컵과 계량스푼, 저울로 계량하기

재료 준비하기

4 아욱은 껍질을 벗겨 손으로 치대어 여러 번 헹구어 푸른 물이 빠지도록 한다.
5 대파는 어슷썰기를 한다.

조리하기

6 냄비에 찬물을 담고 마른 새우를 넣어 은근하게 끓인다.
7 육수에 새우 맛이 잘 우러나면 된장을 풀고 마늘, 아욱을 넣어 끓인다.
8 소금으로 간을 한다.
9 대파를 넣고 한소끔 끓인다.

담아 완성하기

10 아욱된장국 담을 그릇을 선택한다.
11 아욱된장국을 따뜻하게 담아낸다.

평가자 체크리스트

학습내용	평가 항목	성취수준		
		상	중	하
국, 탕 재료 준비 및 계량	재료에 따라 계량하는 능력			
	재료에 따라 전처리 하는 능력			
국, 탕 육수 제조	육수를 끓일 때 재료를 넣는 방법과 불조절하는 능력			
	불순물을 제거하는 능력			
국, 탕 조리	물 또는 육수에 재료를 넣는 순서의 적절성			
	부재료를 넣는 시기와 분량			
	양념을 넣는 시기와 분량			
	끓이는 시간과 화력의 적절성			
국, 탕 그릇 선택	국이나 탕의 그릇을 선택하는 능력			
	계절에 적합한 그릇을 선택하는 능력			
국, 탕 제공	국물과 건더기의 비율을 고려하여 담는 능력			
	고명을 적절하게 선택하는 능력			
	국과 탕을 적절한 온도로 제공하는 능력			

서술형 시험

학습내용	평가 항목	성취수준		
		상	중	하
국, 탕 재료 준비 및 계량	재료에 따라 계량하는 방법			
	조리원리를 바탕으로 육류, 어류, 어패류, 채소류 등을 조리 목적에 맞게 전처리 하는 방법			
국, 탕 육수 제조	육수를 끓일 때 재료 넣는 방법과 불 조절방법			
	육수를 뜨겁게 또는 차게 보관 시 취급 방법			
국, 탕 조리	물 또는 육수에 재료를 넣는 순서와 이유			
	양념을 넣는 적합한 시기			
	화력 조절 방법 및 화력을 조절해야 하는 이유			
	국과 탕의 품질을 평가하는 방법			
국, 탕 그릇 선택	국과 탕 그릇을 선택할 때 고려할 사항			
	계절에 따른 그릇 선택 방법			
국, 탕 제공	국물과 건더기의 비율			
	국과 탕에 어울리는 고명			

작업장 평가

학습내용	평가 항목	성취수준		
		상	중	하
국, 탕 재료 준비 및 계량	조리 목적과 분량에 맞게 재료와 도구를 준비하는 능력			
	재료에 따라 측정도구를 선택하고 계량하는 능력			
	재료를 조리목적에 맞게 전처리 하는 능력			
국, 탕 육수 제조	육수를 끓일 때 재료 넣는 방법과 불을 조절하는 능력			
	맑은 육수를 끓이기 위해 불순물을 제거하는 능력			
	육수를 뜨겁게 또는 차게 보관할 때 위생적으로 처리하는 능력			
국, 탕 조리	물이나 육수에 재료를 넣는 적절성			
	부재료와 양념을 넣는 시기			
	화력 조절 능력			
	위생적으로 처리하는 능력			
국, 탕 그릇 선택	국과 탕에 사용할 그릇을 선택하는 능력			
	계절을 고려하여 그릇을 선택하는 능력			
국, 탕 제공	국물과 건더기의 비율을 고려하여 담는 능력			
	고명을 어울리게 선택하여 담는 능력			

학습자 완성품 사진

애탕

재료

- 삶은 쑥 40g
- 붉은 고추 1/2개
- 소고기 100g
- 물 8컵
- 국간장 1큰술
- 다진 소고기 100g
- 밀가루 2큰술
- 달걀 1개
- 소금 적량

고기양념

- 소금 1작은술
- 다진 마늘 1작은술
- 참기름 1작은술
- 후춧가루 약간

완자양념

- 소금 1작은술
- 다진 파 2작은술
- 다진 마늘 1작은술
- 참기름 1작은술
- 후춧가루 약간

만드는 법

재료 확인하기

1 쑥, 붉은 고추, 소고기, 밀가루, 달걀 등 확인하기

사용할 도구 선택하기

2 냄비, 나무젓가락 등을 선택하여 준비한다.

재료 계량하기

3 각각의 재료 분량을 컵과 계량스푼, 저울로 계량하기

재료 준비하기

4 쑥은 봄에 연한 것으로 골라 끓는 소금물에 삶아서 찬물에 헹궈 냉동실에 얼려 두고 사용한다. 냉동된 쑥은 해동하여 물기를 꼭 짜서 곱게 다진다.

5 붉은 고추는 어슷썰기를 한다. 물에 헹구어 씨를 없앤다.

6 소고기는 납작하게 썬다.

조리하기

7 소고기는 고기양념으로 버무려 물을 부어 끓인다. 국간장으로 간을 한다.

8 다진 소고기는 핏물을 제거하고 다진 쑥과 합하여 완자양념을 넣고 잘 섞어 지름 1.5cm의 완자를 빚는다.

9 빚은 완자에 밀가루를 고르게 묻힌다. 잘 풀어 놓은 달걀에 담갔다가 끓는 장국에 넣어 완자가 익어서 떠오를 때까지 끓인다. 소금으로 간을 하고 붉은 고추를 넣는다.

담아 완성하기

10 애탕 담을 그릇을 선택한다.

11 애탕을 따뜻하게 담아낸다.

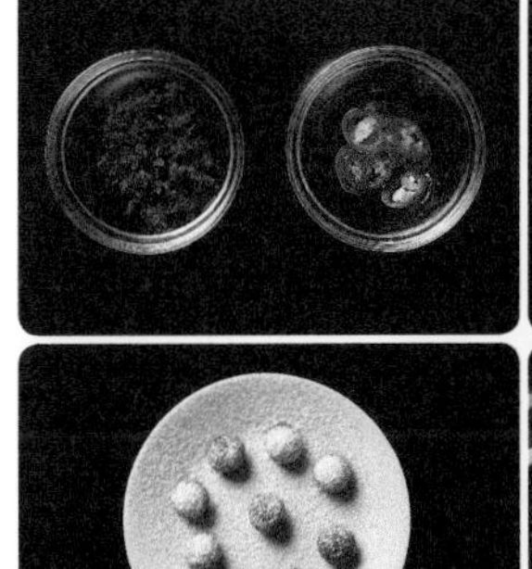

평가자 체크리스트

학습내용	평가 항목	성취수준		
		상	중	하
국, 탕 재료 준비 및 계량	재료에 따라 계량하는 능력			
	재료에 따라 전처리 하는 능력			
국, 탕 육수 제조	육수를 끓일 때 재료를 넣는 방법과 불조절하는 능력			
	불순물을 제거하는 능력			
국, 탕 조리	물 또는 육수에 재료를 넣는 순서의 적절성			
	부재료를 넣는 시기와 분량			
	양념을 넣는 시기와 분량			
	끓이는 시간과 화력의 적절성			
국, 탕 그릇 선택	국이나 탕의 그릇을 선택하는 능력			
	계절에 적합한 그릇을 선택하는 능력			
국, 탕 제공	국물과 건더기의 비율을 고려하여 담는 능력			
	고명을 적절하게 선택하는 능력			
	국과 탕을 적절한 온도로 제공하는 능력			

서술형 시험

학습내용	평가 항목	성취수준		
		상	중	하
국, 탕 재료 준비 및 계량	재료에 따라 계량하는 방법			
	조리원리를 바탕으로 육류, 어류, 어패류, 채소류 등을 조리 목적에 맞게 전처리 하는 방법			
국, 탕 육수 제조	육수를 끓일 때 재료 넣는 방법과 불 조절방법			
	육수를 뜨겁게 또는 차게 보관 시 취급 방법			
국, 탕 조리	물 또는 육수에 재료를 넣는 순서와 이유			
	양념을 넣는 적합한 시기			
	화력 조절 방법 및 화력을 조절해야 하는 이유			
	국과 탕의 품질을 평가하는 방법			
국, 탕 그릇 선택	국과 탕 그릇을 선택할 때 고려할 사항			
	계절에 따른 그릇 선택 방법			
국, 탕 제공	국물과 건더기의 비율			
	국과 탕에 어울리는 고명			

작업장 평가

학습내용	평가 항목	성취수준		
		상	중	하
국, 탕 재료 준비 및 계량	조리 목적과 분량에 맞게 재료와 도구를 준비하는 능력			
	재료에 따라 측정도구를 선택하고 계량하는 능력			
	재료를 조리목적에 맞게 전처리 하는 능력			
국, 탕 육수 제조	육수를 끓일 때 재료 넣는 방법과 불을 조절하는 능력			
	맑은 육수를 끓이기 위해 불순물을 제거하는 능력			
	육수를 뜨겁게 또는 차게 보관할 때 위생적으로 처리하는 능력			
국, 탕 조리	물이나 육수에 재료를 넣는 적절성			
	부재료와 양념을 넣는 시기			
	화력 조절 능력			
	위생적으로 처리하는 능력			
국, 탕 그릇 선택	국과 탕에 사용할 그릇을 선택하는 능력			
	계절을 고려하여 그릇을 선택하는 능력			
국, 탕 제공	국물과 건더기의 비율을 고려하여 담는 능력			
	고명을 어울리게 선택하여 담는 능력			

학습자 완성품 사진

임자수탕

재료

- 오이 1/4개
- 마른 표고버섯 1장
- 붉은 고추 1개
- 미나리 6줄기
- 달걀 2개
- 잣 1/2큰술
- 녹말가루 6큰술
- 밀가루 2큰술
- 식용유 약간

육수
- 닭 1/2마리
- 물 6컵
- 대파 50g
- 마늘 2개
- 생강 1쪽
- 소금 1/4작은술

닭고기양념
- 소금 1/5작은술
- 후춧가루 1/6작은술

완자양념
- 다진 소고기 50g
- 소금 1/3작은술
- 다진 대파 1작은술
- 다진 마늘 1/2작은술
- 참기름 1/3작은술
- 후춧가루 약간
- 닭육수양념
- 닭육수 3컵
- 참깨 1/2컵
- 소금 1/2작은술
- 참기름 1/5작은술
- 후춧가루 1/5작은술

만드는 법

재료 확인하기

1 오이, 표고버섯, 붉은 고추, 미나리, 달걀, 잣 등 확인하기

사용할 도구 선택하기

2 냄비, 나무젓가락 등을 선택하여 준비한다.

재료 계량하기

3 각각의 재료 분량을 컵과 계량스푼, 저울로 계량하기

재료 준비하기

4 곱게 다져진 소고기는 핏물을 제거한다.
5 마른 표고버섯은 미지근한 물에 불린다.
6 오이, 붉은고추, 표고버섯은 2cm×4cm의 골패 모양으로 썬다.
7 미나리는 잎을 제거하고 초대용으로 만든다.
8 닭은 깨끗하게 씻는다.

조리하기

9 닭은 물을 붓고 대파, 마늘, 생강을 넣어 무르게 삶아 건지고, 국물은 체에 걸러 차게 식혀 기름을 제거한다.
10 닭고기 살은 결대로 찢어 소금, 후춧가루로 간을 한다.
11 소고기는 고기양념을 하고 직경 1.5cm 크기로 완자를 빚는다.
12 달걀은 황백지단을 부쳐 2cm×4cm 크기의 골패모양으로 썬다.
13 미나리 초대를 부쳐 2cm×4cm 크기의 골패모양으로 썬다.
14 완자는 밀가루와 달걀을 묻혀 팬에 지진다.
15 골패모양으로 썬 오이, 붉은 고추, 표고버섯은 녹말가루를 묻혀 끓는 물에 말갛고 매끄럽게 데쳐낸다.
16 참깨는 닭육수를 조금씩 부어 곱게 간 다음 고운체에 밭쳐 깻국을 만들어 닭국물과 섞어 소금, 후춧가루로 간을 맞추고 생강즙을 약간 섞는다.

담아 완성하기

17 임자수탕 그릇을 선택한다.
18 임자수탕 담을 그릇에 닭고기와 오이, 표고, 지단, 붉은 고추, 미나리 초대, 완자, 잣을 얹고 시원한 깻국을 붓는다.

평가자 체크리스트

학습내용	평가 항목	성취수준		
		상	중	하
국, 탕 재료 준비 및 계량	재료에 따라 계량하는 능력			
	재료에 따라 전처리 하는 능력			
국, 탕 육수 제조	육수를 끓일 때 재료를 넣는 방법과 불조절하는 능력			
	불순물을 제거하는 능력			
국, 탕 조리	물 또는 육수에 재료를 넣는 순서의 적절성			
	부재료를 넣는 시기와 분량			
	양념을 넣는 시기와 분량			
	끓이는 시간과 화력의 적절성			
국, 탕 그릇 선택	국이나 탕의 그릇을 선택하는 능력			
	계절에 적합한 그릇을 선택하는 능력			
국, 탕 제공	국물과 건더기의 비율을 고려하여 담는 능력			
	고명을 적절하게 선택하는 능력			
	국과 탕을 적절한 온도로 제공하는 능력			

서술형 시험

학습내용	평가 항목	성취수준		
		상	중	하
국, 탕 재료 준비 및 계량	재료에 따라 계량하는 방법			
	조리원리를 바탕으로 육류, 어류, 어패류, 채소류 등을 조리 목적에 맞게 전처리 하는 방법			
국, 탕 육수 제조	육수를 끓일 때 재료 넣는 방법과 불 조절방법			
	육수를 뜨겁게 또는 차게 보관 시 취급 방법			
국, 탕 조리	물 또는 육수에 재료를 넣는 순서와 이유			
	양념을 넣는 적합한 시기			
	화력 조절 방법 및 화력을 조절해야 하는 이유			
	국과 탕의 품질을 평가하는 방법			
국, 탕 그릇 선택	국과 탕 그릇을 선택할 때 고려할 사항			
	계절에 따른 그릇 선택 방법			
국, 탕 제공	국물과 건더기의 비율			
	국과 탕에 어울리는 고명			

작업장 평가

학습내용	평가 항목	성취수준		
		상	중	하
국, 탕 재료 준비 및 계량	조리 목적과 분량에 맞게 재료와 도구를 준비하는 능력			
	재료에 따라 측정도구를 선택하고 계량하는 능력			
	재료를 조리목적에 맞게 전처리 하는 능력			
국, 탕 육수 제조	육수를 끓일 때 재료 넣는 방법과 불을 조절하는 능력			
	맑은 육수를 끓이기 위해 불순물을 제거하는 능력			
	육수를 뜨겁게 또는 차게 보관할 때 위생적으로 처리하는 능력			
국, 탕 조리	물이나 육수에 재료를 넣는 적절성			
	부재료와 양념을 넣는 시기			
	화력 조절 능력			
	위생적으로 처리하는 능력			
국, 탕 그릇 선택	국과 탕에 사용할 그릇을 선택하는 능력			
	계절을 고려하여 그릇을 선택하는 능력			
국, 탕 제공	국물과 건더기의 비율을 고려하여 담는 능력			
	고명을 어울리게 선택하여 담는 능력			

학습자 완성품 사진

삼계탕

재료

- 삼계용 닭 1마리(300~350g)
- 찹쌀 3큰술
- 수삼 2뿌리
- 마늘 5개
- 대추 2개
- 은행 3알
- 깐 밤 2개
- 소금 1작은술
- 후춧가루 1/8작은술

육수

- 닭뼈 200g
- 물 6컵
- 대파 50g
- 양파 30g
- 마늘 2개
- 생강 1쪽
- 통후추 5알
- 마른 고추 1개

만드는 법

재료 확인하기

1 삼계탕, 찹쌀, 수삼, 마늘, 대추, 은행, 밤 등 확인하기

사용할 도구 선택하기

2 냄비, 나무젓가락 등을 선택하여 준비한다.

재료 계량하기

3 각각의 재료 분량을 컵과 계량스푼, 저울로 계량하기

재료 준비하기

4 닭뼈는 찬물에 담가 핏물을 제거한다.
5 닭은 배 속까지 깨끗이 씻은 후 다리 안쪽에 칼집을 넣는다.
6 찹쌀은 씻어 30분 정도 불린다.
7 대추, 마늘은 가볍게 씻는다.
8 수삼은 잔뿌리를 다듬고 솔로 깨끗하게 씻는다.

조리하기

9 끓는 물에 닭뼈를 넣고 데쳐 찬물에 헹군다. 찬물에 닭뼈, 대파, 양파, 마늘, 생강, 통후추, 마른 고추를 넣고 육수를 끓인다. 면포에 거른다.
10 은행은 팬에 식용유를 둘러 소금간을 하고 파랗게 볶아 껍질을 벗겨 놓는다.
11 손질한 닭의 배 속에 찹쌀, 마늘, 수삼 등을 넣고 찹쌀이 빠져 나오지 않게 칼집 사이로 다리가 서로 엇갈리도록 끼운다.
12 큰 냄비에 닭을 담고 육수를 부은 다음 센 불에서 끓이고 한소끔 끓으면 불을 줄여 푹 무르도록 삶는다.

담아 완성하기

13 삼계탕 담을 그릇을 선택한다.
14 삼계탕을 따뜻하게 담아낸다

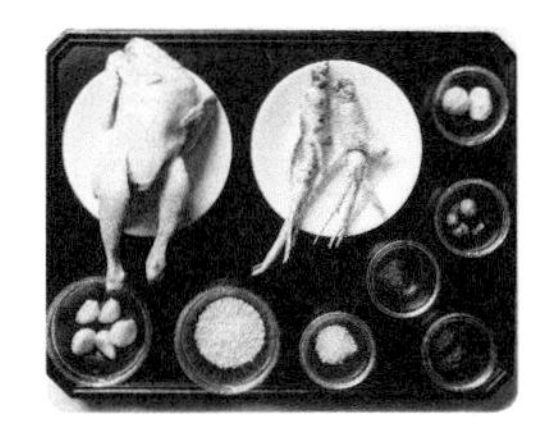
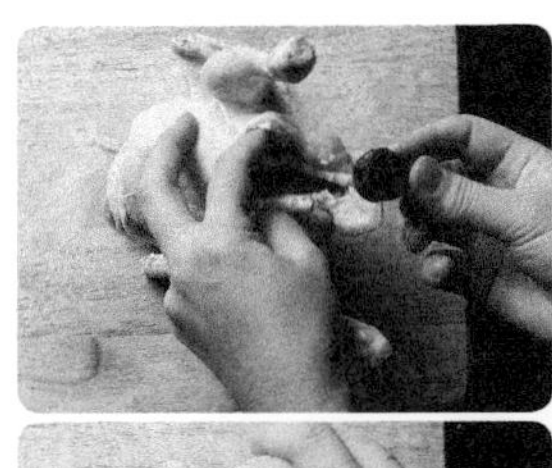

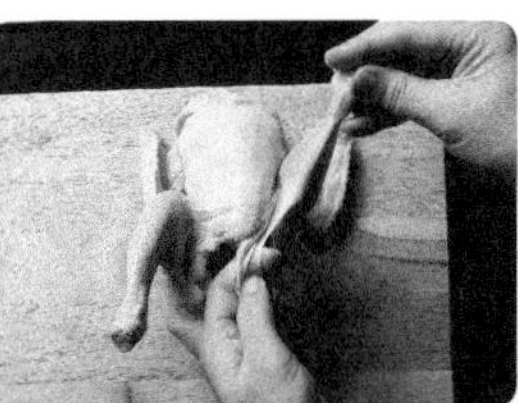
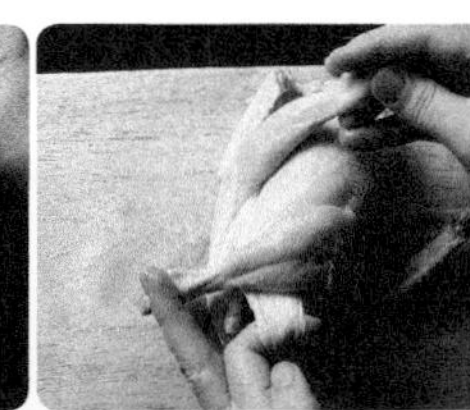
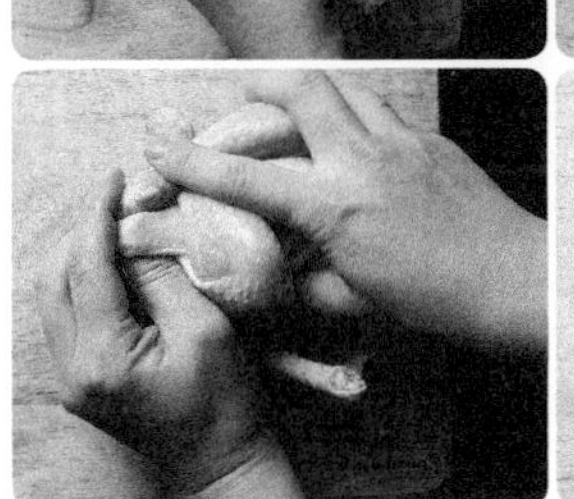

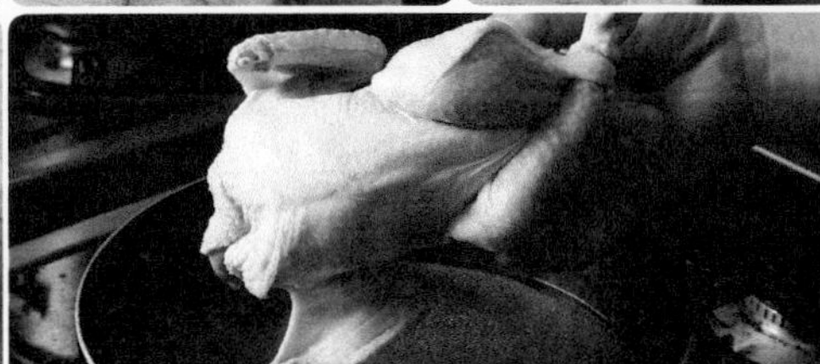

평가자 체크리스트

학습내용	평가 항목	성취수준		
		상	중	하
국, 탕 재료 준비 및 계량	재료에 따라 계량하는 능력			
	재료에 따라 전처리 하는 능력			
국, 탕 육수 제조	육수를 끓일 때 재료를 넣는 방법과 불조절하는 능력			
	불순물을 제거하는 능력			
국, 탕 조리	물 또는 육수에 재료를 넣는 순서의 적절성			
	부재료를 넣는 시기와 분량			
	양념을 넣는 시기와 분량			
	끓이는 시간과 화력의 적절성			
국, 탕 그릇 선택	국이나 탕의 그릇을 선택하는 능력			
	계절에 적합한 그릇을 선택하는 능력			
국, 탕 제공	국물과 건더기의 비율을 고려하여 담는 능력			
	고명을 적절하게 선택하는 능력			
	국과 탕을 적절한 온도로 제공하는 능력			

서술형 시험

학습내용	평가 항목	성취수준		
		상	중	하
국, 탕 재료 준비 및 계량	재료에 따라 계량하는 방법			
	조리원리를 바탕으로 육류, 어류, 어패류, 채소류 등을 조리 목적에 맞게 전처리 하는 방법			
국, 탕 육수 제조	육수를 끓일 때 재료 넣는 방법과 불 조절방법			
	육수를 뜨겁게 또는 차게 보관 시 취급 방법			
국, 탕 조리	물 또는 육수에 재료를 넣는 순서와 이유			
	양념을 넣는 적합한 시기			
	화력 조절 방법 및 화력을 조절해야 하는 이유			
	국과 탕의 품질을 평가하는 방법			
국, 탕 그릇 선택	국과 탕 그릇을 선택할 때 고려할 사항			
	계절에 따른 그릇 선택 방법			
국, 탕 제공	국물과 건더기의 비율			
	국과 탕에 어울리는 고명			

작업장 평가

학습내용	평가 항목	성취수준		
		상	중	하
국, 탕 재료 준비 및 계량	조리 목적과 분량에 맞게 재료와 도구를 준비하는 능력			
	재료에 따라 측정도구를 선택하고 계량하는 능력			
	재료를 조리목적에 맞게 전처리 하는 능력			
국, 탕 육수 제조	육수를 끓일 때 재료 넣는 방법과 불을 조절하는 능력			
	맑은 육수를 끓이기 위해 불순물을 제거하는 능력			
	육수를 뜨겁게 또는 차게 보관할 때 위생적으로 처리하는 능력			
국, 탕 조리	물이나 육수에 재료를 넣는 적절성			
	부재료와 양념을 넣는 시기			
	화력 조절 능력			
	위생적으로 처리하는 능력			
국, 탕 그릇 선택	국과 탕에 사용할 그릇을 선택하는 능력			
	계절을 고려하여 그릇을 선택하는 능력			
국, 탕 제공	국물과 건더기의 비율을 고려하여 담는 능력			
	고명을 어울리게 선택하여 담는 능력			

학습자 완성품 사진

초계탕

재료

- 닭 1/2마리(400g)
- 물 7컵
- 참깨 6큰술
- 전복 50g
- 소금 1작은술
- 오이 50g
- 마른 표고버섯 3장
- 배 70g
- 달걀 1개
- 소금 1큰술
- 후춧가루 1/8작은술
- 잣 2작은술

만드는 법

재료 확인하기

1 닭, 참깨, 전복, 오이, 표고버섯, 달걀, 배 등 확인하기

사용할 도구 선택하기

2 냄비, 찜기, 프라이팬, 나무젓가락 등을 선택하여 준비한다.

재료 계량하기

3 각각의 재료 분량을 컵과 계량스푼, 저울로 계량하기

재료 준비하기

4 닭은 깨끗이 씻어 뼈와 살을 분리한다.
5 손질할 닭살은 3~4cm 크기로 넓적하게 편썰기한다. 소금, 후추로 밑간을 한다.
6 참깨는 깨끗하게 씻어 조리로 일어 놓는다.
7 전복은 소금으로 문질러 깨끗이 씻는다.
8 오이, 표고, 배는 4cm×1cm×0.3cm 크기로 썬다.
9 닭뼈와 여분의 닭살은 물에 담근다.

조리하기

10 냄비에 닭뼈와 여분의 닭살, 물 4컵을 넣고 육수를 끓여 3컵을 만든다.
11 편으로 썬 닭살은 전분을 입혀 김이 오른 찜기에 찐다.
12 전복은 편으로 썰어 끓는 물에 살짝 데친다.
13 참깨는 노릇노릇하게 볶고 닭육수 3컵을 넣어 블렌더로 곱게 간 뒤 면포에 걸러 소금, 후추로 간을 하여 찬 육수를 만든다.
14 썬 오이, 표고버섯은 전분을 묻혀 끓는 물에 데쳐둔다.
15 달걀은 황·백으로 지단을 부치고 4cm×1cm×0.3cm 크기로 썬다.

담아 완성하기

16 초계탕 담을 그릇을 선택한다.
17 초계탕 담을 그릇에 준비한 닭고기, 전복, 오이, 표고, 배, 황·백지단을 담고 깻국물을 붓고 잣을 띄운다.

평가자 체크리스트

학습내용	평가 항목	성취수준		
		상	중	하
국, 탕 재료 준비 및 계량	재료에 따라 계량하는 능력			
	재료에 따라 전처리 하는 능력			
국, 탕 육수 제조	육수를 끓일 때 재료를 넣는 방법과 불조절하는 능력			
	불순물을 제거하는 능력			
국, 탕 조리	물 또는 육수에 재료를 넣는 순서의 적절성			
	부재료를 넣는 시기와 분량			
	양념을 넣는 시기와 분량			
	끓이는 시간과 화력의 적절성			
국, 탕 그릇 선택	국이나 탕의 그릇을 선택하는 능력			
	계절에 적합한 그릇을 선택하는 능력			
국, 탕 제공	국물과 건더기의 비율을 고려하여 담는 능력			
	고명을 적절하게 선택하는 능력			
	국과 탕을 적절한 온도로 제공하는 능력			

서술형 시험

학습내용	평가 항목	성취수준		
		상	중	하
국, 탕 재료 준비 및 계량	재료에 따라 계량하는 방법			
	조리원리를 바탕으로 육류, 어류, 어패류, 채소류 등을 조리 목적에 맞게 전처리 하는 방법			
국, 탕 육수 제조	육수를 끓일 때 재료 넣는 방법과 불 조절방법			
	육수를 뜨겁게 또는 차게 보관 시 취급 방법			
국, 탕 조리	물 또는 육수에 재료를 넣는 순서와 이유			
	양념을 넣는 적합한 시기			
	화력 조절 방법 및 화력을 조절해야 하는 이유			
	국과 탕의 품질을 평가하는 방법			
국, 탕 그릇 선택	국과 탕 그릇을 선택할 때 고려할 사항			
	계절에 따른 그릇 선택 방법			
국, 탕 제공	국물과 건더기의 비율			
	국과 탕에 어울리는 고명			

작업장 평가

<table>
<tr><th rowspan="2">학습내용</th><th rowspan="2">평가 항목</th><th colspan="3">성취수준</th></tr>
<tr><th>상</th><th>중</th><th>하</th></tr>
<tr><td rowspan="3">국, 탕 재료 준비 및 계량</td><td>조리 목적과 분량에 맞게 재료와 도구를 준비하는 능력</td><td></td><td></td><td></td></tr>
<tr><td>재료에 따라 측정도구를 선택하고 계량하는 능력</td><td></td><td></td><td></td></tr>
<tr><td>재료를 조리목적에 맞게 전처리 하는 능력</td><td></td><td></td><td></td></tr>
<tr><td rowspan="3">국, 탕 육수 제조</td><td>육수를 끓일 때 재료 넣는 방법과 불을 조절하는 능력</td><td></td><td></td><td></td></tr>
<tr><td>맑은 육수를 끓이기 위해 불순물을 제거하는 능력</td><td></td><td></td><td></td></tr>
<tr><td>육수를 뜨겁게 또는 차게 보관할 때 위생적으로 처리하는 능력</td><td></td><td></td><td></td></tr>
<tr><td rowspan="4">국, 탕 조리</td><td>물이나 육수에 재료를 넣는 적절성</td><td></td><td></td><td></td></tr>
<tr><td>부재료와 양념을 넣는 시기</td><td></td><td></td><td></td></tr>
<tr><td>화력 조절 능력</td><td></td><td></td><td></td></tr>
<tr><td>위생적으로 처리하는 능력</td><td></td><td></td><td></td></tr>
<tr><td rowspan="2">국, 탕 그릇 선택</td><td>국과 탕에 사용할 그릇을 선택하는 능력</td><td></td><td></td><td></td></tr>
<tr><td>계절을 고려하여 그릇을 선택하는 능력</td><td></td><td></td><td></td></tr>
<tr><td rowspan="2">국, 탕 제공</td><td>국물과 건더기의 비율을 고려하여 담는 능력</td><td></td><td></td><td></td></tr>
<tr><td>고명을 어울리게 선택하여 담는 능력</td><td></td><td></td><td></td></tr>
</table>

학습자 완성품 사진

초교탕

재료

- 닭 1/2마리(400g)
- 생강 20g
- 물 6컵
- 도라지 50g
- 미나리 30g
- 다진 소고기 50g
- 마른 표고버섯 2장
- 밀가루 2큰술
- 달걀 1개
- 소금 1/2작은술

삶는 물

- 소금 1/3작은술
- 물 2컵

닭살양념

- 소금 1/2작은술
- 다진 대파 1작은술
- 다진 마늘 1/2작은술
- 참기름 1작은술
- 생강즙 1/3작은술
- 후춧가루 약간

고기양념

- 국간장 1작은술
- 다진 대파 1작은술
- 다진 마늘 1/2작은술
- 참기름 1/3작은술
- 후춧가루 1/6작은술

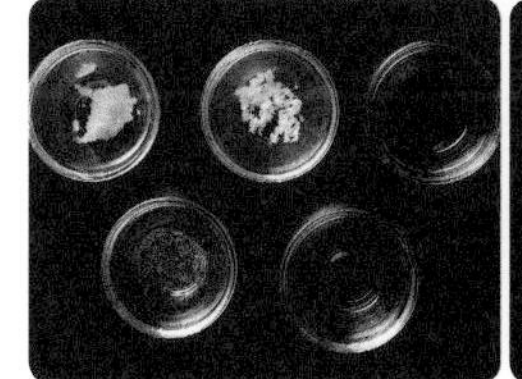

만드는 법

재료 확인하기

1 닭, 도라지, 미나리, 표고버섯, 달걀 등 확인하기

사용할 도구 선택하기

2 냄비, 프라이팬, 나무젓가락 등을 선택하여 준비한다.

재료 계량하기

3 각각의 재료 분량을 컵과 계량스푼, 저울로 계량하기

재료 준비하기

4 닭은 깨끗하게 씻는다.
5 도라지는 3cm 길이로 채 썰어 소금에 조물조물 주물러 찬물에 헹군다.
6 미나리는 잎을 다듬고 줄기를 3cm 길이로 썬다.
7 표고버섯은 불려서 기둥을 떼고 채 썬다.
8 생강은 껍질을 벗기고 편으로 썬다.

조리하기

9 냄비에 물과 닭, 생강을 넣어 삶는다. 닭살이 무르게 잘 익으면 살은 건져 찢고 닭살양념으로 버무린다. 닭육수는 면포에 거른다. 국물은 기름 없이 준비한다.
10 미나리는 끓는 소금물에 데쳐 찬물에 헹군다.
11 다진 소고기와 채 썬 표고버섯은 고기양념으로 버무린다.
12 닭살, 도라지, 미나리, 소고기, 표고버섯에 밀가루와 달걀을 잘 섞은 다음 고루 버무린다.
13 닭육수는 소금으로 간을 맞추어 끓이고 준비된 재료를 한 수저씩 떠 넣어 떠오르면 불을 끈다.

담아 완성하기

14 초교탕 담을 그릇을 선택한다.
15 초교탕을 따뜻하게 담아낸다.

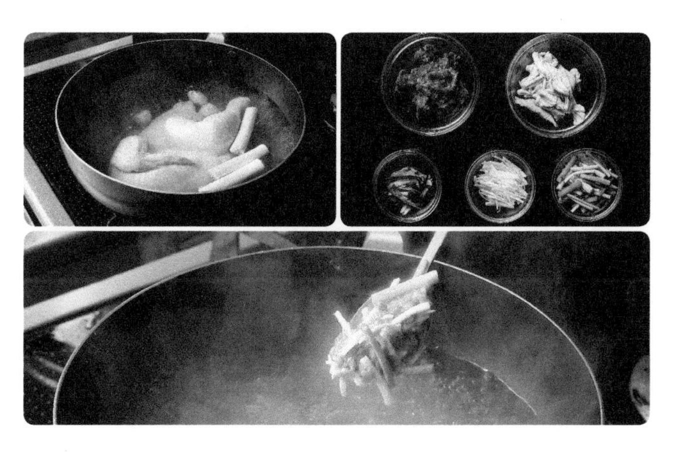

평가자 체크리스트

학습내용	평가 항목	성취수준		
		상	중	하
국, 탕 재료 준비 및 계량	재료에 따라 계량하는 능력			
	재료에 따라 전처리 하는 능력			
국, 탕 육수 제조	육수를 끓일 때 재료를 넣는 방법과 불조절하는 능력			
	불순물을 제거하는 능력			
국, 탕 조리	물 또는 육수에 재료를 넣는 순서의 적절성			
	부재료를 넣는 시기와 분량			
	양념을 넣는 시기와 분량			
	끓이는 시간과 화력의 적절성			
국, 탕 그릇 선택	국이나 탕의 그릇을 선택하는 능력			
	계절에 적합한 그릇을 선택하는 능력			
국, 탕 제공	국물과 건더기의 비율을 고려하여 담는 능력			
	고명을 적절하게 선택하는 능력			
	국과 탕을 적절한 온도로 제공하는 능력			

서술형 시험

학습내용	평가 항목	성취수준		
		상	중	하
국, 탕 재료 준비 및 계량	재료에 따라 계량하는 방법			
	조리원리를 바탕으로 육류, 어류, 어패류, 채소류 등을 조리 목적에 맞게 전처리 하는 방법			
국, 탕 육수 제조	육수를 끓일 때 재료 넣는 방법과 불 조절방법			
	육수를 뜨겁게 또는 차게 보관 시 취급 방법			
국, 탕 조리	물 또는 육수에 재료를 넣는 순서와 이유			
	양념을 넣는 적합한 시기			
	화력 조절 방법 및 화력을 조절해야 하는 이유			
	국과 탕의 품질을 평가하는 방법			
국, 탕 그릇 선택	국과 탕 그릇을 선택할 때 고려할 사항			
	계절에 따른 그릇 선택 방법			
국, 탕 제공	국물과 건더기의 비율			
	국과 탕에 어울리는 고명			

작업장 평가

학습내용	평가 항목	성취수준		
		상	중	하
국, 탕 재료 준비 및 계량	조리 목적과 분량에 맞게 재료와 도구를 준비하는 능력			
	재료에 따라 측정도구를 선택하고 계량하는 능력			
	재료를 조리목적에 맞게 전처리 하는 능력			
국, 탕 육수 제조	육수를 끓일 때 재료 넣는 방법과 불을 조절하는 능력			
	맑은 육수를 끓이기 위해 불순물을 제거하는 능력			
	육수를 뜨겁게 또는 차게 보관할 때 위생적으로 처리하는 능력			
국, 탕 조리	물이나 육수에 재료를 넣는 적절성			
	부재료와 양념을 넣는 시기			
	화력 조절 능력			
	위생적으로 처리하는 능력			
국, 탕 그릇 선택	국과 탕에 사용할 그릇을 선택하는 능력			
	계절을 고려하여 그릇을 선택하는 능력			
국, 탕 제공	국물과 건더기의 비율을 고려하여 담는 능력			
	고명을 어울리게 선택하여 담는 능력			

학습자 완성품 사진

닭볶음탕

재료

- 닭고기 1마리
- 양파 1/2개
- 당근 1/2개
- 감자 1개
- 대파 1/2개

삶는 물

- 대파 10g
- 생강 1톨
- 마늘 1톨
- 청주 2큰술
- 물 5컵

양념장

- 고춧가루 3큰술
- 고추장 4큰술
- 간장 3큰술
- 청주 2큰술
- 소금 1작은술
- 설탕 1½큰술
- 다진 마늘 2큰술
- 다진 생강 1/2큰술
- 깨소금 1작은술
- 참기름 1작은술
- 후춧가루 약간

만드는 법

재료 확인하기

1 닭, 양파, 당근, 감자, 대파, 생강, 마늘 등 확인하기

사용할 도구 선택하기

2 냄비, 프라이팬, 나무젓가락 등을 선택하여 준비한다.

재료 계량하기

3 각각의 재료 분량을 컵과 계량스푼, 저울로 계량하기

재료 준비하기

4 닭은 깨끗이 손질한 다음 먹기 좋은 크기로 토막낸다.
5 감자, 당근은 큼직하게 썰어 모서리를 다듬는다.
6 양파는 2cm 두께로 채 썬다.
7 대파는 어슷썬다.

조리하기

8 냄비에 물이 끓으면 닭고기를 넣어 데치고 찬물에 헹군다.
9 끓는 물에 대파, 생강, 마늘, 청주를 넣고 데친 닭고기를 넣어 30분 정도 끓인다. 대파, 생강, 마늘을 건져낸다. 기름을 걷어낸다.
10 분량의 재료를 섞어 양념장을 만든다.
11 30분 정도 삶은 닭고기에 양념장, 손질한 감자, 당근을 넣어 20분 정도 끓인다. 재료가 다 익고 맛이 어우러지면 양파, 대파를 넣어 익도록 끓인다.

담아 완성하기

12 닭볶음탕 담을 그릇을 선택한다.
13 닭볶음탕을 따뜻하게 담아낸다.

평가자 체크리스트

학습내용	평가 항목	성취수준		
		상	중	하
국, 탕 재료 준비 및 계량	재료에 따라 계량하는 능력			
	재료에 따라 전처리 하는 능력			
국, 탕 육수 제조	육수를 끓일 때 재료를 넣는 방법과 불조절하는 능력			
	불순물을 제거하는 능력			
국, 탕 조리	물 또는 육수에 재료를 넣는 순서의 적절성			
	부재료를 넣는 시기와 분량			
	양념을 넣는 시기와 분량			
	끓이는 시간과 화력의 적절성			
국, 탕 그릇 선택	국이나 탕의 그릇을 선택하는 능력			
	계절에 적합한 그릇을 선택하는 능력			
국, 탕 제공	국물과 건더기의 비율을 고려하여 담는 능력			
	고명을 적절하게 선택하는 능력			
	국과 탕을 적절한 온도로 제공하는 능력			

서술형 시험

학습내용	평가 항목	성취수준		
		상	중	하
국, 탕 재료 준비 및 계량	재료에 따라 계량하는 방법			
	조리원리를 바탕으로 육류, 어류, 어패류, 채소류 등을 조리 목적에 맞게 전처리 하는 방법			
국, 탕 육수 제조	육수를 끓일 때 재료 넣는 방법과 불 조절방법			
	육수를 뜨겁게 또는 차게 보관 시 취급 방법			
국, 탕 조리	물 또는 육수에 재료를 넣는 순서와 이유			
	양념을 넣는 적합한 시기			
	화력 조절 방법 및 화력을 조절해야 하는 이유			
	국과 탕의 품질을 평가하는 방법			
국, 탕 그릇 선택	국과 탕 그릇을 선택할 때 고려할 사항			
	계절에 따른 그릇 선택 방법			
국, 탕 제공	국물과 건더기의 비율			
	국과 탕에 어울리는 고명			

작업장 평가

학습내용	평가 항목	성취수준		
		상	중	하
국, 탕 재료 준비 및 계량	조리 목적과 분량에 맞게 재료와 도구를 준비하는 능력			
	재료에 따라 측정도구를 선택하고 계량하는 능력			
	재료를 조리목적에 맞게 전처리 하는 능력			
국, 탕 육수 제조	육수를 끓일 때 재료 넣는 방법과 불을 조절하는 능력			
	맑은 육수를 끓이기 위해 불순물을 제거하는 능력			
	육수를 뜨겁게 또는 차게 보관할 때 위생적으로 처리하는 능력			
국, 탕 조리	물이나 육수에 재료를 넣는 적절성			
	부재료와 양념을 넣는 시기			
	화력 조절 능력			
	위생적으로 처리하는 능력			
국, 탕 그릇 선택	국과 탕에 사용할 그릇을 선택하는 능력			
	계절을 고려하여 그릇을 선택하는 능력			
국, 탕 제공	국물과 건더기의 비율을 고려하여 담는 능력			
	고명을 어울리게 선택하여 담는 능력			

학습자 완성품 사진

용봉탕

재료

- 잉어 1마리
- 영계 1마리
- 마른 표고버섯 2장
- 석이버섯 5장
- 밤 3개
- 대추 3개
- 달걀 1개
- 소금 1큰술
- 식용유 적당량
- 참기름 적당량

닭살 양념

- 국간장 3큰술
- 다진 대파 1큰술
- 다진 마늘 2작은술
- 깨소금 1큰술
- 후춧가루 약간

만드는 법

재료 확인하기

1 잉어, 영계, 마른표고버섯, 석이버섯, 밤, 대추, 달걀 등 확인하기

사용할 도구 선택하기

2 냄비, 프라이팬, 나무젓가락 등을 선택하여 준비한다.

재료 계량하기

3 각각의 재료 분량을 컵과 계량스푼, 저울로 계량하기

재료 준비하기

4 잉어는 산 것으로 쓴다. 아가미와 지느러미를 제거하고 꼬리에 구멍을 내어 거꾸로 매달아 피를 뺀다. 물에 씻어 5cm로 토막을 낸다.
5 닭은 잘 손질하여 내장을 꺼내고 물에 씻는다.
6 마른 표고버섯은 잘 불려 밤 모양으로 자른다.
7 대추는 씨를 빼고 3등분으로 썬다.
8 석이버섯은 미지근한 물에 불려 손질하여 곱게 채를 썬다.

조리하기

9 냄비에 닭을 담고 물을 잠길 정도로 붓고 삶는다. 닭이 잘 무르게 익으면 건져서 살을 굵직굵직하게 뜯고 닭살양념으로 버무린다.
10 닭육수에 잉어토막, 표고버섯, 대추, 밤을 넣어 충분히 익도록 끓인 다음 소금으로 간을 한다. 양념한 닭살을 넣어 한소끔 끓인다.
11 석이버섯은 참기름에 소금으로 간을하여 살짝 볶는다.
12 달걀은 지단을 부쳐 골패형으로 썬다.

담아 완성하기

13 용봉탕 담을 그릇을 선택한다.
14 용봉탕을 따뜻하게 담아내고 지단을 올린다.

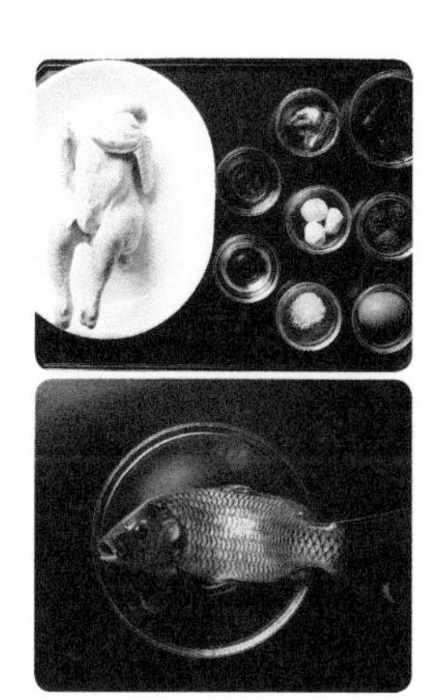

평가자 체크리스트

학습내용	평가 항목	성취수준		
		상	중	하
국, 탕 재료 준비 및 계량	재료에 따라 계량하는 능력			
	재료에 따라 전처리 하는 능력			
국, 탕 육수 제조	육수를 끓일 때 재료를 넣는 방법과 불조절하는 능력			
	불순물을 제거하는 능력			
국, 탕 조리	물 또는 육수에 재료를 넣는 순서의 적절성			
	부재료를 넣는 시기와 분량			
	양념을 넣는 시기와 분량			
	끓이는 시간과 화력의 적절성			
국, 탕 그릇 선택	국이나 탕의 그릇을 선택하는 능력			
	계절에 적합한 그릇을 선택하는 능력			
국, 탕 제공	국물과 건더기의 비율을 고려하여 담는 능력			
	고명을 적절하게 선택하는 능력			
	국과 탕을 적절한 온도로 제공하는 능력			

서술형 시험

학습내용	평가 항목	성취수준		
		상	중	하
국, 탕 재료 준비 및 계량	재료에 따라 계량하는 방법			
	조리원리를 바탕으로 육류, 어류, 어패류, 채소류 등을 조리 목적에 맞게 전처리 하는 방법			
국, 탕 육수 제조	육수를 끓일 때 재료 넣는 방법과 불 조절방법			
	육수를 뜨겁게 또는 차게 보관 시 취급 방법			
국, 탕 조리	물 또는 육수에 재료를 넣는 순서와 이유			
	양념을 넣는 적합한 시기			
	화력 조절 방법 및 화력을 조절해야 하는 이유			
	국과 탕의 품질을 평가하는 방법			
국, 탕 그릇 선택	국과 탕 그릇을 선택할 때 고려할 사항			
	계절에 따른 그릇 선택 방법			
국, 탕 제공	국물과 건더기의 비율			
	국과 탕에 어울리는 고명			

작업장 평가

학습내용	평가 항목	성취수준		
		상	중	하
국, 탕 재료 준비 및 계량	조리 목적과 분량에 맞게 재료와 도구를 준비하는 능력			
	재료에 따라 측정도구를 선택하고 계량하는 능력			
	재료를 조리목적에 맞게 전처리 하는 능력			
국, 탕 육수 제조	육수를 끓일 때 재료 넣는 방법과 불을 조절하는 능력			
	맑은 육수를 끓이기 위해 불순물을 제거하는 능력			
	육수를 뜨겁게 또는 차게 보관할 때 위생적으로 처리하는 능력			
국, 탕 조리	물이나 육수에 재료를 넣는 적절성			
	부재료와 양념을 넣는 시기			
	화력 조절 능력			
	위생적으로 처리하는 능력			
국, 탕 그릇 선택	국과 탕에 사용할 그릇을 선택하는 능력			
	계절을 고려하여 그릇을 선택하는 능력			
국, 탕 제공	국물과 건더기의 비율을 고려하여 담는 능력			
	고명을 어울리게 선택하여 담는 능력			

학습자 완성품 사진

조개탕

재료

- 조개(모시조개 또는 동죽) 1kg
- 마른 고추 2개
- 실파 4뿌리
- 마늘 1쪽
- 붉은 고추 1개
- 소금 약간
- 후춧가루 약간
- 물 12컵

만드는 법

재료 확인하기

1 조개, 마른 고추, 실파, 마늘, 붉은 고추 등 확인하기

사용할 도구 선택하기

2 냄비, 나무젓가락 등을 선택하여 준비한다.

재료 계량하기

3 각각의 재료 분량을 컵과 계량스푼, 저울로 계량하기

재료 준비하기

4 조개는 흐르는 물에 씻어 냄새가 신선하지 못한 것은 빼고 묽은 소금물에 30분 정도 담가 해감을 한다.
5 마른 고추는 꼭지를 뗀다. 어슷썰기를 한다.
6 실파는 3cm 길이로 썬다.
7 마늘은 채 썬다.
8 붉은 고추는 어슷하게 썬 후 씨를 뺀다.

조리하기

9 해감한 조개와 마른 고추, 물을 넣어 끓인다. 끓이다 거품이 생기면 걷어내고, 조개가 입을 벌리면 국물에 흔들어 뺀다. 국물은 면포에 거른다.
10 냄비에 거른 조개육수를 부어 끓이고, 소금으로 간을 한다. 조개, 마늘, 실파, 붉은 고추, 후춧가루를 넣는다.

담아 완성하기

11 조개탕 담을 그릇을 선택한다.
12 조개탕을 따뜻하게 담아내고 지단을 올린다.

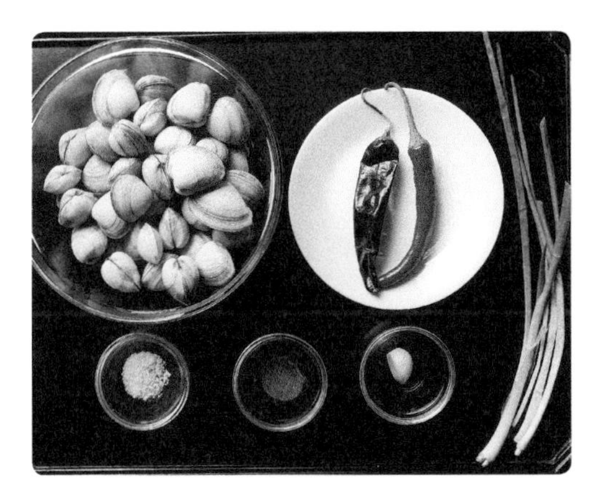

평가자 체크리스트

학습내용	평가 항목	성취수준		
		상	중	하
국, 탕 재료 준비 및 계량	재료에 따라 계량하는 능력			
	재료에 따라 전처리 하는 능력			
국, 탕 육수 제조	육수를 끓일 때 재료를 넣는 방법과 불조절하는 능력			
	불순물을 제거하는 능력			
국, 탕 조리	물 또는 육수에 재료를 넣는 순서의 적절성			
	부재료를 넣는 시기와 분량			
	양념을 넣는 시기와 분량			
	끓이는 시간과 화력의 적절성			
국, 탕 그릇 선택	국이나 탕의 그릇을 선택하는 능력			
	계절에 적합한 그릇을 선택하는 능력			
국, 탕 제공	국물과 건더기의 비율을 고려하여 담는 능력			
	고명을 적절하게 선택하는 능력			
	국과 탕을 적절한 온도로 제공하는 능력			

서술형 시험

학습내용	평가 항목	성취수준		
		상	중	하
국, 탕 재료 준비 및 계량	재료에 따라 계량하는 방법			
	조리원리를 바탕으로 육류, 어류, 어패류, 채소류 등을 조리 목적에 맞게 전처리 하는 방법			
국, 탕 육수 제조	육수를 끓일 때 재료 넣는 방법과 불 조절방법			
	육수를 뜨겁게 또는 차게 보관 시 취급 방법			
국, 탕 조리	물 또는 육수에 재료를 넣는 순서와 이유			
	양념을 넣는 적합한 시기			
	화력 조절 방법 및 화력을 조절해야 하는 이유			
	국과 탕의 품질을 평가하는 방법			
국, 탕 그릇 선택	국과 탕 그릇을 선택할 때 고려할 사항			
	계절에 따른 그릇 선택 방법			
국, 탕 제공	국물과 건더기의 비율			
	국과 탕에 어울리는 고명			

작업장 평가

학습내용	평가 항목	성취수준		
		상	중	하
국, 탕 재료 준비 및 계량	조리 목적과 분량에 맞게 재료와 도구를 준비하는 능력			
	재료에 따라 측정도구를 선택하고 계량하는 능력			
	재료를 조리목적에 맞게 전처리 하는 능력			
국, 탕 육수 제조	육수를 끓일 때 재료 넣는 방법과 불을 조절하는 능력			
	맑은 육수를 끓이기 위해 불순물을 제거하는 능력			
	육수를 뜨겁게 또는 차게 보관할 때 위생적으로 처리하는 능력			
국, 탕 조리	물이나 육수에 재료를 넣는 적절성			
	부재료와 양념을 넣는 시기			
	화력 조절 능력			
	위생적으로 처리하는 능력			
국, 탕 그릇 선택	국과 탕에 사용할 그릇을 선택하는 능력			
	계절을 고려하여 그릇을 선택하는 능력			
국, 탕 제공	국물과 건더기의 비율을 고려하여 담는 능력			
	고명을 어울리게 선택하여 담는 능력			

학습자 완성품 사진

갈비탕

재료

탕용 소갈비 400g

- 무 160g
- 대파 100g
- 마늘 20g
- 당면 40g
- 미나리 30g
- 달걀 1개
- 밀가루 1큰술
- 식용유 적당량

양념

- 국간장 1큰술
- 다진 마늘 1/2큰술
- 소금 1큰술
- 후춧가루 1/8작은술

만드는 법

재료 확인하기

1 소갈비, 무, 대파, 마늘, 당면, 미나리, 달걀, 밀가루 등 확인하기

사용할 도구 선택하기

2 냄비, 프라이팬, 나무젓가락 등을 선택하여 준비한다.

재료 계량하기

3 각각의 재료 분량을 컵과 계량스푼, 저울로 계량하기

재료 준비하기

4 갈비는 찬물에 담가 핏물을 뺀다.
5 무는 껍질을 벗기고 1cm×3cm×3cm 크기로 썬다.
6 대파는 길이로 반을 가른다.
7 마늘은 씻는다.
8 미나리는 잎은 떼고 줄기는 깨끗하게 씻는다.
9 당면은 물에 불린다.

조리하기

10 끓는 물에 갈비를 데친 뒤 끓는 물에 넣어 센 불에서 중간불로 줄여 40분 정도 은근하게 끓인다. 대파, 마늘을 넣어 20분간 끓인 뒤 건져낸다. 거품과 기름기를 걷어낸다.
11 무를 넣어 함께 끓이고, 국간장, 다진 마늘, 소금, 후춧가루를 넣어 간을 한다. 불린 당면을 넣어 한소끔 더 끓인다.
12 미나리는 초대를 부치고 골패로 썬다.
13 달걀은 황·백지단을 부쳐 골패로 썬다.

담아 완성하기

14 갈비탕 담을 그릇을 선택한다.
15 갈비탕을 따뜻하게 담아낸다. 그릇에 무, 당면을 담고 갈비와 국물을 담는다. 미나리 초대, 황·백지단을 고명으로 얹는다.

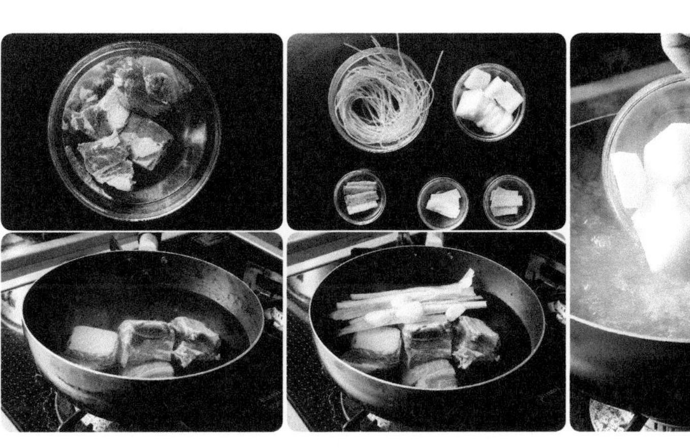

평가자 체크리스트

학습내용	평가 항목	성취수준		
		상	중	하
국, 탕 재료 준비 및 계량	재료에 따라 계량하는 능력			
	재료에 따라 전처리 하는 능력			
국, 탕 육수 제조	육수를 끓일 때 재료를 넣는 방법과 불조절하는 능력			
	불순물을 제거하는 능력			
국, 탕 조리	물 또는 육수에 재료를 넣는 순서의 적절성			
	부재료를 넣는 시기와 분량			
	양념을 넣는 시기와 분량			
	끓이는 시간과 화력의 적절성			
국, 탕 그릇 선택	국이나 탕의 그릇을 선택하는 능력			
	계절에 적합한 그릇을 선택하는 능력			
국, 탕 제공	국물과 건더기의 비율을 고려하여 담는 능력			
	고명을 적절하게 선택하는 능력			
	국과 탕을 적절한 온도로 제공하는 능력			

서술형 시험

학습내용	평가 항목	성취수준		
		상	중	하
국, 탕 재료 준비 및 계량	재료에 따라 계량하는 방법			
	조리원리를 바탕으로 육류, 어류, 어패류, 채소류 등을 조리 목적에 맞게 전처리 하는 방법			
국, 탕 육수 제조	육수를 끓일 때 재료 넣는 방법과 불 조절방법			
	육수를 뜨겁게 또는 차게 보관 시 취급 방법			
국, 탕 조리	물 또는 육수에 재료를 넣는 순서와 이유			
	양념을 넣는 적합한 시기			
	화력 조절 방법 및 화력을 조절해야 하는 이유			
	국과 탕의 품질을 평가하는 방법			
국, 탕 그릇 선택	국과 탕 그릇을 선택할 때 고려할 사항			
	계절에 따른 그릇 선택 방법			
국, 탕 제공	국물과 건더기의 비율			
	국과 탕에 어울리는 고명			

작업장 평가

학습내용	평가 항목	성취수준		
		상	중	하
국, 탕 재료 준비 및 계량	조리 목적과 분량에 맞게 재료와 도구를 준비하는 능력			
	재료에 따라 측정도구를 선택하고 계량하는 능력			
	재료를 조리목적에 맞게 전처리 하는 능력			
국, 탕 육수 제조	육수를 끓일 때 재료 넣는 방법과 불을 조절하는 능력			
	맑은 육수를 끓이기 위해 불순물을 제거하는 능력			
	육수를 뜨겁게 또는 차게 보관할 때 위생적으로 처리하는 능력			
국, 탕 조리	물이나 육수에 재료를 넣는 적절성			
	부재료와 양념을 넣는 시기			
	화력 조절 능력			
	위생적으로 처리하는 능력			
국, 탕 그릇 선택	국과 탕에 사용할 그릇을 선택하는 능력			
	계절을 고려하여 그릇을 선택하는 능력			
국, 탕 제공	국물과 건더기의 비율을 고려하여 담는 능력			
	고명을 어울리게 선택하여 담는 능력			

학습자 완성품 사진

육개장

재료

- 양 100g
- 곱창 100g
- 굵은소금 5큰술
- 밀가루 2큰술
- 생강 3g
- 대파 400g

육수

- 소고기 양지머리 200g
- 소고기 사태 100g
- 대파 20g
- 마늘 5g
- 물 3ℓ

고기양념

- 고추장 1½작은술
- 고춧가루 1큰술
- 국간장 1작은술
- 생강즙 1작은술
- 다진 대파 1큰술
- 다진 마늘 1큰술
- 후춧가루 1/4작은술
- 참기름 1작은술

만드는 법

재료 확인하기

1 양, 곱창, 생강, 대파, 양지머리 등 확인하기.

사용할 도구 선택하기

2 냄비, 프라이팬, 나무젓가락 등을 선택하여 준비한다.

재료 계량하기

3 각각의 재료 분량을 컵과 계량스푼, 저울로 계량하기

재료 준비하기

4 양지머리, 사태는 찬물에 담가 핏물을 뺀다.
5 양은 굵은소금 1큰술로 문질러 씻은 후 끓는 물을 부어 칼로 검은 껍질을 벗겨내고 안쪽에 덮여 있는 얇은 막과 기름기를 제거하고 깨끗이 씻는다. 밀가루 1큰술을 넣어 조물조물 주물러 씻는다.
6 곱창은 굵은소금 1큰술과 밀가루 1큰술을 뿌리고 주물러 헹군 후 물에 깨끗이 씻고 기름기를 뜯어낸다.
7 대파는 7cm 정도로 썬다. 굵은소금으로 조물조물 주물러 씻는다.

조리하기

8 냄비에 물을 붓고 끓으면 양지머리와 사태를 넣어 1시간 정도 끓인다. 대파, 마늘을 함께 끓인다. 육수의 기름기를 걷어낸다.
9 냄비에 양, 곱창을 함께 끓이면서 어느 정도 익었을 때 생강을 넣고 푹 삶아 어슷어슷 얄팍하게 썬다.
10 익은 양지머리, 사태는 썰어서 고추장, 고춧가루, 국간장, 생강즙, 대파, 마늘, 후춧가루, 참기름을 넣어 간을 한다.
11 고기육수에 파를 넣고 한소끔 끓인 후 양념한 고기, 양, 곱창을 넣고 얼큰한 맛이 어우러질 때까지 끓인다.
※ 육개장에 달걀로 먹기 직전 줄알을 쳐서 먹어도 맛이 좋아진다.

담아 완성하기

12 육개장 담을 그릇을 선택한다.
13 육개장을 따뜻하게 담아낸다.

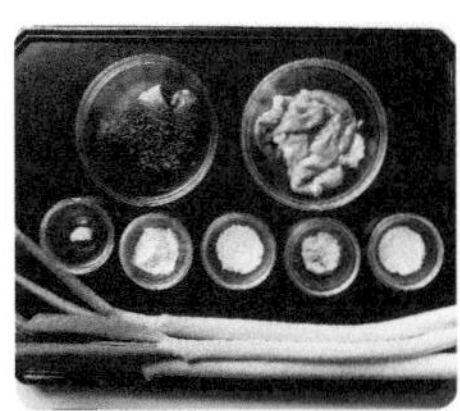

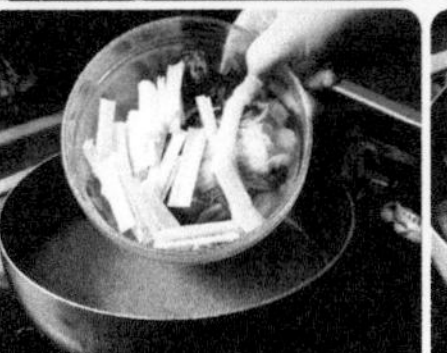

평가자 체크리스트

학습내용	평가 항목	성취수준		
		상	중	하
국, 탕 재료 준비 및 계량	재료에 따라 계량하는 능력			
	재료에 따라 전처리 하는 능력			
국, 탕 육수 제조	육수를 끓일 때 재료를 넣는 방법과 불조절하는 능력			
	불순물을 제거하는 능력			
국, 탕 조리	물 또는 육수에 재료를 넣는 순서의 적절성			
	부재료를 넣는 시기와 분량			
	양념을 넣는 시기와 분량			
	끓이는 시간과 화력의 적절성			
국, 탕 그릇 선택	국이나 탕의 그릇을 선택하는 능력			
	계절에 적합한 그릇을 선택하는 능력			
국, 탕 제공	국물과 건더기의 비율을 고려하여 담는 능력			
	고명을 적절하게 선택하는 능력			
	국과 탕을 적절한 온도로 제공하는 능력			

서술형 시험

학습내용	평가 항목	성취수준		
		상	중	하
국, 탕 재료 준비 및 계량	재료에 따라 계량하는 방법			
	조리원리를 바탕으로 육류, 어류, 어패류, 채소류 등을 조리 목적에 맞게 전처리 하는 방법			
국, 탕 육수 제조	육수를 끓일 때 재료 넣는 방법과 불 조절방법			
	육수를 뜨겁게 또는 차게 보관 시 취급 방법			
국, 탕 조리	물 또는 육수에 재료를 넣는 순서와 이유			
	양념을 넣는 적합한 시기			
	화력 조절 방법 및 화력을 조절해야 하는 이유			
	국과 탕의 품질을 평가하는 방법			
국, 탕 그릇 선택	국과 탕 그릇을 선택할 때 고려할 사항			
	계절에 따른 그릇 선택 방법			
국, 탕 제공	국물과 건더기의 비율			
	국과 탕에 어울리는 고명			

작업장 평가

학습내용	평가 항목	성취수준		
		상	중	하
국, 탕 재료 준비 및 계량	조리 목적과 분량에 맞게 재료와 도구를 준비하는 능력			
	재료에 따라 측정도구를 선택하고 계량하는 능력			
	재료를 조리목적에 맞게 전처리 하는 능력			
국, 탕 육수 제조	육수를 끓일 때 재료 넣는 방법과 불을 조절하는 능력			
	맑은 육수를 끓이기 위해 불순물을 제거하는 능력			
	육수를 뜨겁게 또는 차게 보관할 때 위생적으로 처리하는 능력			
국, 탕 조리	물이나 육수에 재료를 넣는 적절성			
	부재료와 양념을 넣는 시기			
	화력 조절 능력			
	위생적으로 처리하는 능력			
국, 탕 그릇 선택	국과 탕에 사용할 그릇을 선택하는 능력			
	계절을 고려하여 그릇을 선택하는 능력			
국, 탕 제공	국물과 건더기의 비율을 고려하여 담는 능력			
	고명을 어울리게 선택하여 담는 능력			

학습자 완성품 사진

추어탕

재료

- 미꾸라지 200g
- 굵은소금 4큰술
- 물 10컵
- 얼갈이배추 200g
- 대파 100g
- 국간장 1큰술
- 된장 3큰술
- 고추장 1작은술
- 소금 약간
- 다진 마늘 적량
- 다진 붉은 고추 적량
- 다진 풋고추 적량

소금물

- 물 3컵
- 소금 1작은술

만드는 법

재료 확인하기

1 미꾸라지, 굵은소금, 얼갈이배추, 대파, 국간장 등 확인하기

사용할 도구 선택하기

2 냄비, 나무젓가락 등을 선택하여 준비한다.

재료 계량하기

3 각각의 재료 분량을 컵과 계량스푼, 저울로 계량하기

재료 준비하기

4 미꾸라지는 소금을 뿌려 잠시 두었다가 해감을 한 다음 깨끗이 씻는다.
5 얼갈이배추는 손질하여 5cm 길이로 썬다.
6 대파는 손질하여 5cm 길이로 썬다.

조리하기

7 얼갈이배추는 끓는 소금물에 데쳐 찬물에 헹군다.
8 냄비에 미꾸라지를 담고 물 10컵을 붓고 끓인다. 푹 삶아 끓여 블렌더에 곱게 갈아 체에 내린다.
9 미꾸라지 육수에 국간장, 된장, 고추장을 풀고, 얼갈이배추, 대파를 넣어 끓인다. 소금으로 간을 한다.

담아 완성하기

10 추어탕 담을 그릇을 선택한다.
11 추어탕을 따뜻하게 담아낸다. 마늘, 고추를 곁들여 낸다.
※ 지역에 따라 산초가루를 곁들이기도 한다.

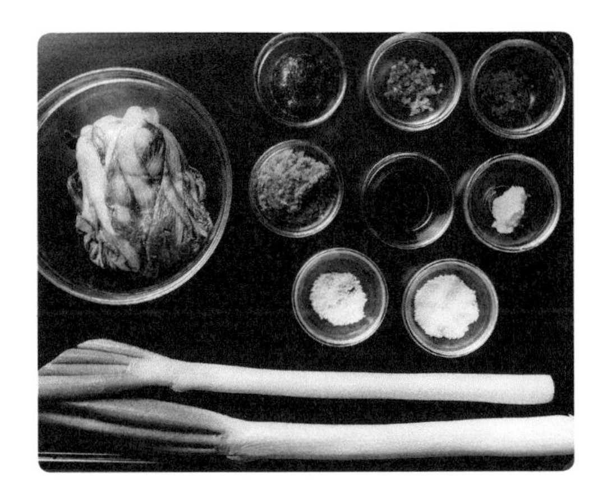

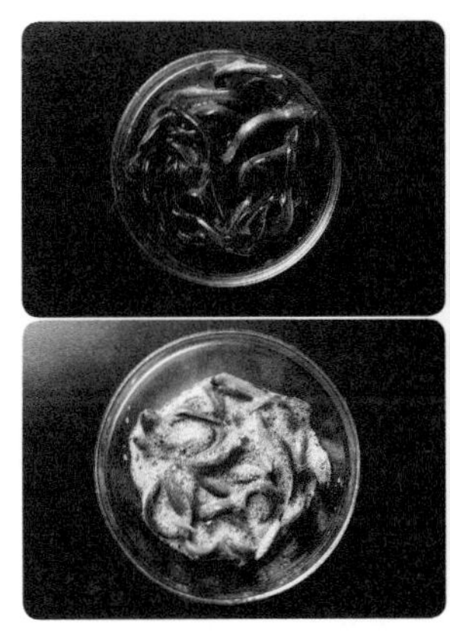

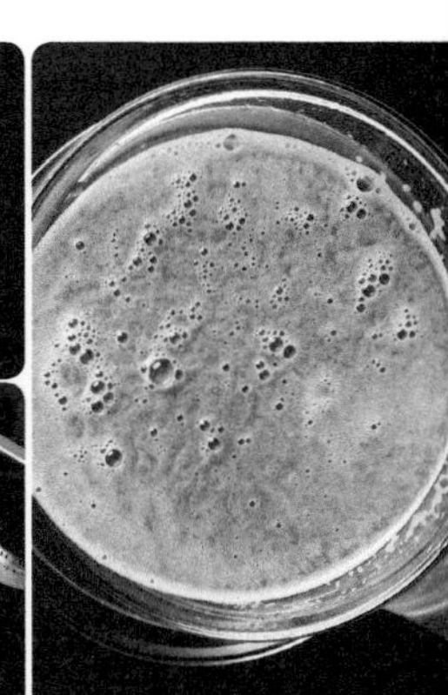

평가자 체크리스트

학습내용	평가 항목	성취수준		
		상	중	하
국, 탕 재료 준비 및 계량	재료에 따라 계량하는 능력			
	재료에 따라 전처리 하는 능력			
국, 탕 육수 제조	육수를 끓일 때 재료를 넣는 방법과 불조절하는 능력			
	불순물을 제거하는 능력			
국, 탕 조리	물 또는 육수에 재료를 넣는 순서의 적절성			
	부재료를 넣는 시기와 분량			
	양념을 넣는 시기와 분량			
	끓이는 시간과 화력의 적절성			
국, 탕 그릇 선택	국이나 탕의 그릇을 선택하는 능력			
	계절에 적합한 그릇을 선택하는 능력			
국, 탕 제공	국물과 건더기의 비율을 고려하여 담는 능력			
	고명을 적절하게 선택하는 능력			
	국과 탕을 적절한 온도로 제공하는 능력			

서술형 시험

학습내용	평가 항목	성취수준		
		상	중	하
국, 탕 재료 준비 및 계량	재료에 따라 계량하는 방법			
	조리원리를 바탕으로 육류, 어류, 어패류, 채소류 등을 조리 목적에 맞게 전처리 하는 방법			
국, 탕 육수 제조	육수를 끓일 때 재료 넣는 방법과 불 조절방법			
	육수를 뜨겁게 또는 차게 보관 시 취급 방법			
국, 탕 조리	물 또는 육수에 재료를 넣는 순서와 이유			
	양념을 넣는 적합한 시기			
	화력 조절 방법 및 화력을 조절해야 하는 이유			
	국과 탕의 품질을 평가하는 방법			
국, 탕 그릇 선택	국과 탕 그릇을 선택할 때 고려할 사항			
	계절에 따른 그릇 선택 방법			
국, 탕 제공	국물과 건더기의 비율			
	국과 탕에 어울리는 고명			

작업장 평가

학습내용	평가 항목	성취수준		
		상	중	하
국, 탕 재료 준비 및 계량	조리 목적과 분량에 맞게 재료와 도구를 준비하는 능력			
	재료에 따라 측정도구를 선택하고 계량하는 능력			
	재료를 조리목적에 맞게 전처리 하는 능력			
국, 탕 육수 제조	육수를 끓일 때 재료 넣는 방법과 불을 조절하는 능력			
	맑은 육수를 끓이기 위해 불순물을 제거하는 능력			
	육수를 뜨겁게 또는 차게 보관할 때 위생적으로 처리하는 능력			
국, 탕 조리	물이나 육수에 재료를 넣는 적절성			
	부재료와 양념을 넣는 시기			
	화력 조절 능력			
	위생적으로 처리하는 능력			
국, 탕 그릇 선택	국과 탕에 사용할 그릇을 선택하는 능력			
	계절을 고려하여 그릇을 선택하는 능력			
국, 탕 제공	국물과 건더기의 비율을 고려하여 담는 능력			
	고명을 어울리게 선택하여 담는 능력			

학습자 완성품 사진

사골우거지탕

재료

- 소 사골 600g
- 소 잡뼈 300g
- 소고기 양지머리 200g
- 물 적당량
- 얼갈이배추 200g
- 된장 1큰술
- 고추장 1작은술
- 무 100g
- 대파 100g
- 다진 마늘 1큰술
- 소금 약간
- 후춧가루 약간

소금물

- 물 3컵
- 소금 1작은술

고기양념

- 다진 대파 1큰술
- 다진 마늘 1/2큰술
- 국간장 1큰술
- 참기름 1큰술
- 후춧가루 약간

우거지양념

- 된장 1큰술
- 다진 대파 1큰술
- 다진 마늘 1큰술
- 고춧가루 1½큰술

만드는 법

재료 확인하기

1 소 사골, 소 잡뼈, 얼갈이배추, 된장, 고추장 등 확인하기

사용할 도구 선택하기

2 냄비, 나무젓가락 등을 선택하여 준비한다.

재료 계량하기

3 각각의 재료 분량을 컵과 계량스푼, 저울로 계량하기

재료 준비하기

4 사골, 잡뼈, 양지머리는 찬물에 3~4시간 정도 담가 핏물을 뺀다.
5 얼갈이배추는 손질하여 5cm 길이로 썬다.
6 대파는 손질하여 5cm 길이로 썬다.
7 무는 3cm×4cm×0.5cm로 썬다.

조리하기

8 냄비에 핏물 뺀 사골, 잡뼈, 양지머리는 끓는 물에 데친다. 찬물에 헹궈 물기를 뺀다.
9 냄비에 사골, 잡뼈, 양지머리, 찬물을 넣고 50분 정도 끓여 양지머리를 건지고 뽀얀 국물이 우러나도록 중불에서 끓인다. 익힌 양지머리는 편으로 썰고, 고기양념으로 버무린다.
10 끓는 소금물에 우거지를 데친다.
11 우거지, 대파에 우거지양념을 넣고 버무린다.
12 사골육수에 된장, 고추장을 넣고 끓인다. 무, 우거지, 양지머리를 넣고 다진 마늘, 후춧가루를 넣어 맛이 어우러지도록 끓인다.

담아 완성하기

13 사골우거지탕의 그릇을 선택한다.
14 사골우거지탕을 따뜻하게 담아낸다.

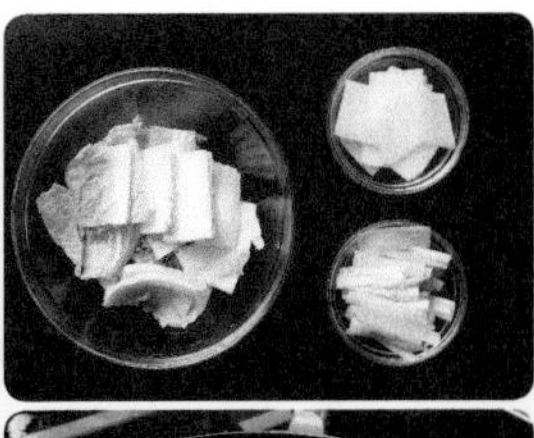

평가자 체크리스트

학습내용	평가 항목	성취수준		
		상	중	하
국, 탕 재료 준비 및 계량	재료에 따라 계량하는 능력			
	재료에 따라 전처리 하는 능력			
국, 탕 육수 제조	육수를 끓일 때 재료를 넣는 방법과 불조절하는 능력			
	불순물을 제거하는 능력			
국, 탕 조리	물 또는 육수에 재료를 넣는 순서의 적절성			
	부재료를 넣는 시기와 분량			
	양념을 넣는 시기와 분량			
	끓이는 시간과 화력의 적절성			
국, 탕 그릇 선택	국이나 탕의 그릇을 선택하는 능력			
	계절에 적합한 그릇을 선택하는 능력			
국, 탕 제공	국물과 건더기의 비율을 고려하여 담는 능력			
	고명을 적절하게 선택하는 능력			
	국과 탕을 적절한 온도로 제공하는 능력			

서술형 시험

학습내용	평가 항목	성취수준		
		상	중	하
국, 탕 재료 준비 및 계량	재료에 따라 계량하는 방법			
	조리원리를 바탕으로 육류, 어류, 어패류, 채소류 등을 조리 목적에 맞게 전처리 하는 방법			
국, 탕 육수 제조	육수를 끓일 때 재료 넣는 방법과 불 조절방법			
	육수를 뜨겁게 또는 차게 보관 시 취급 방법			
국, 탕 조리	물 또는 육수에 재료를 넣는 순서와 이유			
	양념을 넣는 적합한 시기			
	화력 조절 방법 및 화력을 조절해야 하는 이유			
	국과 탕의 품질을 평가하는 방법			
국, 탕 그릇 선택	국과 탕 그릇을 선택할 때 고려할 사항			
	계절에 따른 그릇 선택 방법			
국, 탕 제공	국물과 건더기의 비율			
	국과 탕에 어울리는 고명			

작업장 평가

학습내용	평가 항목	성취수준		
		상	중	하
국, 탕 재료 준비 및 계량	조리 목적과 분량에 맞게 재료와 도구를 준비하는 능력			
	재료에 따라 측정도구를 선택하고 계량하는 능력			
	재료를 조리목적에 맞게 전처리 하는 능력			
국, 탕 육수 제조	육수를 끓일 때 재료 넣는 방법과 불을 조절하는 능력			
	맑은 육수를 끓이기 위해 불순물을 제거하는 능력			
	육수를 뜨겁게 또는 차게 보관할 때 위생적으로 처리하는 능력			
국, 탕 조리	물이나 육수에 재료를 넣는 적절성			
	부재료와 양념을 넣는 시기			
	화력 조절 능력			
	위생적으로 처리하는 능력			
국, 탕 그릇 선택	국과 탕에 사용할 그릇을 선택하는 능력			
	계절을 고려하여 그릇을 선택하는 능력			
국, 탕 제공	국물과 건더기의 비율을 고려하여 담는 능력			
	고명을 어울리게 선택하여 담는 능력			

학습자 완성품 사진

감자탕

재료

- 감자 2개
- 깻잎 5장
- 붉은 고추 1개
- 풋고추 1개
- 대파 100g

육수

- 돼지 등뼈 600g
- 물 6L
- 생강 1개
- 마늘 2개
- 대파 30g
- 된장 1작은술
- 청주 1큰술

육수양념

- 식용유 1큰술
- 고춧가루 1큰술
- 등뼈육수 1/2컵
- 들깻가루 4큰술
- 청주 1큰술
- 간장 1큰술
- 소금 1작은술
- 다진 마늘 1큰술
- 후춧가루 약간

만드는 법

재료 확인하기

1 소 사골, 소 잡뼈, 얼갈이배추, 된장, 고추장 등 확인하기

사용할 도구 선택하기

2 냄비, 나무젓가락 등을 선택하여 준비한다.

재료 계량하기

3 각각의 재료 분량을 컵과 계량스푼, 저울로 계량하기

재료 준비하기

4 돼지 등뼈는 찬물에 담가 핏물을 뺀다.
5 껍질 벗긴 감자를 4등분한 뒤 찬물에 담근다.
6 깻잎은 깨끗이 씻어 6등분한다.
7 대파, 고추는 어슷썬다.

조리하기

8 끓는 물에 돼지 등뼈를 데쳐서 찬물에 헹구고, 냄비에 찬물, 등뼈, 대파, 편으로 썬 생강, 청주, 된장, 마늘을 넣어 1시간을 푹 무르게 끓인다.
9 감자는 물에 삶는다.
10 달군 팬에 식용유를 살짝 끓여 끓인 기름을 고춧가루에 섞어 고추기름을 만든다. 고추기름, 소금, 다진 마늘, 후춧가루, 간장, 청주, 들깻가루, 등뼈육수를 섞어 육수양념을 만든다.
11 냄비에 삶은 돼지 등뼈와 감자를 넣고 육수를 부어 끓인다. 양념을 푼 뒤 국물이 걸쭉해질 때까지 끓인다. 어슷썬 대파, 풋고추, 붉은 고추를 넣고 한소끔 끓이다 깻잎을 넣고 불을 끈다.

담아 완성하기

12 감자탕 담을 그릇을 선택한다.
13 감자탕을 따뜻하게 담아낸다.

평가자 체크리스트

학습내용	평가 항목	성취수준		
		상	중	하
국, 탕 재료 준비 및 계량	재료에 따라 계량하는 능력			
	재료에 따라 전처리 하는 능력			
국, 탕 육수 제조	육수를 끓일 때 재료를 넣는 방법과 불조절하는 능력			
	불순물을 제거하는 능력			
국, 탕 조리	물 또는 육수에 재료를 넣는 순서의 적절성			
	부재료를 넣는 시기와 분량			
	양념을 넣는 시기와 분량			
	끓이는 시간과 화력의 적절성			
국, 탕 그릇 선택	국이나 탕의 그릇을 선택하는 능력			
	계절에 적합한 그릇을 선택하는 능력			
국, 탕 제공	국물과 건더기의 비율을 고려하여 담는 능력			
	고명을 적절하게 선택하는 능력			
	국과 탕을 적절한 온도로 제공하는 능력			

서술형 시험

학습내용	평가 항목	성취수준		
		상	중	하
국, 탕 재료 준비 및 계량	재료에 따라 계량하는 방법			
	조리원리를 바탕으로 육류, 어류, 어패류, 채소류 등을 조리 목적에 맞게 전처리 하는 방법			
국, 탕 육수 제조	육수를 끓일 때 재료 넣는 방법과 불 조절방법			
	육수를 뜨겁게 또는 차게 보관 시 취급 방법			
국, 탕 조리	물 또는 육수에 재료를 넣는 순서와 이유			
	양념을 넣는 적합한 시기			
	화력 조절 방법 및 화력을 조절해야 하는 이유			
	국과 탕의 품질을 평가하는 방법			
국, 탕 그릇 선택	국과 탕 그릇을 선택할 때 고려할 사항			
	계절에 따른 그릇 선택 방법			
국, 탕 제공	국물과 건더기의 비율			
	국과 탕에 어울리는 고명			

작업장 평가

학습내용	평가 항목	성취수준		
		상	중	하
국, 탕 재료 준비 및 계량	조리 목적과 분량에 맞게 재료와 도구를 준비하는 능력			
	재료에 따라 측정도구를 선택하고 계량하는 능력			
	재료를 조리목적에 맞게 전처리 하는 능력			
국, 탕 육수 제조	육수를 끓일 때 재료 넣는 방법과 불을 조절하는 능력			
	맑은 육수를 끓이기 위해 불순물을 제거하는 능력			
	육수를 뜨겁게 또는 차게 보관할 때 위생적으로 처리하는 능력			
국, 탕 조리	물이나 육수에 재료를 넣는 적절성			
	부재료와 양념을 넣는 시기			
	화력 조절 능력			
	위생적으로 처리하는 능력			
국, 탕 그릇 선택	국과 탕에 사용할 그릇을 선택하는 능력			
	계절을 고려하여 그릇을 선택하는 능력			
국, 탕 제공	국물과 건더기의 비율을 고려하여 담는 능력			
	고명을 어울리게 선택하여 담는 능력			

학습자 완성품 사진

무된장국

재료

- 무 200g
- 대파 100g
- 조갯살 30g
- 다진 마늘 2작은술
- 된장 3큰술
- 소금 약간
- 물 5컵

만드는 법

재료 확인하기

1 무, 대파, 바지락, 된장 등 확인하기

사용할 도구 선택하기

2 냄비, 나무젓가락 등을 선택하여 준비한다.

재료 계량하기

3 각각의 재료 분량을 컵과 계량스푼, 저울로 계량하기

재료 준비하기

4 무는 2.5cm×2.5cm×0.4cm 크기로 썬다.
5 대파는 어슷썰기를 한다.

조리하기

6 물에 된장을 풀고 무와 마늘을 넣어 끓인다.
7 무가 투명하게 익으면 조갯살을 넣어 끓인다.
8 소금으로 간을 한다.
9 대파를 넣고 한소끔 끓인다.

담아 완성하기

10 무된장국 담을 그릇을 선택한다.
11 무된장국을 따뜻하게 담아낸다.

평가자 체크리스트

학습내용	평가 항목	성취수준		
		상	중	하
국, 탕 재료 준비 및 계량	재료에 따라 계량하는 능력			
	재료에 따라 전처리 하는 능력			
국, 탕 육수 제조	육수를 끓일 때 재료를 넣는 방법과 불조절하는 능력			
	불순물을 제거하는 능력			
국, 탕 조리	물 또는 육수에 재료를 넣는 순서의 적절성			
	부재료를 넣는 시기와 분량			
	양념을 넣는 시기와 분량			
	끓이는 시간과 화력의 적절성			
국, 탕 그릇 선택	국이나 탕의 그릇을 선택하는 능력			
	계절에 적합한 그릇을 선택하는 능력			
국, 탕 제공	국물과 건더기의 비율을 고려하여 담는 능력			
	고명을 적절하게 선택하는 능력			
	국과 탕을 적절한 온도로 제공하는 능력			

서술형 시험

학습내용	평가 항목	성취수준		
		상	중	하
국, 탕 재료 준비 및 계량	재료에 따라 계량하는 방법			
	조리원리를 바탕으로 육류, 어류, 어패류, 채소류 등을 조리 목적에 맞게 전처리 하는 방법			
국, 탕 육수 제조	육수를 끓일 때 재료 넣는 방법과 불 조절방법			
	육수를 뜨겁게 또는 차게 보관 시 취급 방법			
국, 탕 조리	물 또는 육수에 재료를 넣는 순서와 이유			
	양념을 넣는 적합한 시기			
	화력 조절 방법 및 화력을 조절해야 하는 이유			
	국과 탕의 품질을 평가하는 방법			
국, 탕 그릇 선택	국과 탕 그릇을 선택할 때 고려할 사항			
	계절에 따른 그릇 선택 방법			
국, 탕 제공	국물과 건더기의 비율			
	국과 탕에 어울리는 고명			

작업장 평가

학습내용	평가 항목	성취수준		
		상	중	하
국, 탕 재료 준비 및 계량	조리 목적과 분량에 맞게 재료와 도구를 준비하는 능력			
	재료에 따라 측정도구를 선택하고 계량하는 능력			
	재료를 조리목적에 맞게 전처리 하는 능력			
국, 탕 육수 제조	육수를 끓일 때 재료 넣는 방법과 불을 조절하는 능력			
	맑은 육수를 끓이기 위해 불순물을 제거하는 능력			
	육수를 뜨겁게 또는 차게 보관할 때 위생적으로 처리하는 능력			
국, 탕 조리	물이나 육수에 재료를 넣는 적절성			
	부재료와 양념을 넣는 시기			
	화력 조절 능력			
	위생적으로 처리하는 능력			
국, 탕 그릇 선택	국과 탕에 사용할 그릇을 선택하는 능력			
	계절을 고려하여 그릇을 선택하는 능력			
국, 탕 제공	국물과 건더기의 비율을 고려하여 담는 능력			
	고명을 어울리게 선택하여 담는 능력			

학습자 완성품 사진

비지탕

재료

- 돼지 등뼈 500g
- 물 12컵
- 된장 1작은술
- 흰콩(불린 것) 2컵
- 배추우거지 150g
- 대파 50g
- 새우젓 1작은술

양념장

- 다진 파 2작은술
- 다진 마늘 1작은술
- 후춧가루 1/8작은술
- 깨소금 1작은술
- 고춧가루 1큰술
- 참기름 1작은술
- 진간장 3큰술

만드는 법

재료 확인하기

1 무, 대파, 바지락, 된장 등 확인하기

사용할 도구 선택하기

2 냄비, 나무젓가락 등을 선택하여 준비한다.

재료 계량하기

3 각각의 재료 분량을 컵과 계량스푼, 저울로 계량하기

재료 준비하기

4 돼지 등뼈는 물에 씻어 찬물에 담가 핏물을 제거한다.
5 흰콩은 5~8시간 정도 물에 불려, 물(1⅓컵)을 넣고 믹서에 갈아 콩비지를 만든다.
6 배추우거지는 5cm×3cm 크기로 썬다.
7 대파는 채 썬다.

조리하기

8 돼지 등뼈는 끓는 물에 데친다. 찬물에 헹군다. 물에 된장을 풀고 등뼈를 넣어 1시간 정도 삶는다.
9 배추우거지를 끓는 물에 데쳐 찬물에 헹군다.
10 냄비에 준비한 돼지 등뼈와 육수 5컵, 배추우거지를 넣고 끓인다.
11 돼지등뼈와 우거지가 한소끔 끓으면 콩비지를 넣고 잘 저으면서 끓인다.
12 채 썬 대파와 새우젓을 넣는다.
13 분량의 재료를 섞어 양념장을 만들고 탕에 넣어 맛이 어울어지게 끓인다.

담아 완성하기

14 비지탕 담을 그릇을 선택한다.
15 비지탕을 따뜻하게 담아 양념장을 곁들인다.

평가자 체크리스트

학습내용	평가 항목	성취수준		
		상	중	하
국, 탕 재료 준비 및 계량	재료에 따라 계량하는 능력			
	재료에 따라 전처리 하는 능력			
국, 탕 육수 제조	육수를 끓일 때 재료를 넣는 방법과 불조절하는 능력			
	불순물을 제거하는 능력			
국, 탕 조리	물 또는 육수에 재료를 넣는 순서의 적절성			
	부재료를 넣는 시기와 분량			
	양념을 넣는 시기와 분량			
	끓이는 시간과 화력의 적절성			
국, 탕 그릇 선택	국이나 탕의 그릇을 선택하는 능력			
	계절에 적합한 그릇을 선택하는 능력			
국, 탕 제공	국물과 건더기의 비율을 고려하여 담는 능력			
	고명을 적절하게 선택하는 능력			
	국과 탕을 적절한 온도로 제공하는 능력			

서술형 시험

학습내용	평가 항목	성취수준		
		상	중	하
국, 탕 재료 준비 및 계량	재료에 따라 계량하는 방법			
	조리원리를 바탕으로 육류, 어류, 어패류, 채소류 등을 조리 목적에 맞게 전처리 하는 방법			
국, 탕 육수 제조	육수를 끓일 때 재료 넣는 방법과 불 조절방법			
	육수를 뜨겁게 또는 차게 보관 시 취급 방법			
국, 탕 조리	물 또는 육수에 재료를 넣는 순서와 이유			
	양념을 넣는 적합한 시기			
	화력 조절 방법 및 화력을 조절해야 하는 이유			
	국과 탕의 품질을 평가하는 방법			
국, 탕 그릇 선택	국과 탕 그릇을 선택할 때 고려할 사항			
	계절에 따른 그릇 선택 방법			
국, 탕 제공	국물과 건더기의 비율			
	국과 탕에 어울리는 고명			

작업장 평가

학습내용	평가 항목	성취수준		
		상	중	하
국, 탕 재료 준비 및 계량	조리 목적과 분량에 맞게 재료와 도구를 준비하는 능력			
	재료에 따라 측정도구를 선택하고 계량하는 능력			
	재료를 조리목적에 맞게 전처리 하는 능력			
국, 탕 육수 제조	육수를 끓일 때 재료 넣는 방법과 불을 조절하는 능력			
	맑은 육수를 끓이기 위해 불순물을 제거하는 능력			
	육수를 뜨겁게 또는 차게 보관할 때 위생적으로 처리하는 능력			
국, 탕 조리	물이나 육수에 재료를 넣는 적절성			
	부재료와 양념을 넣는 시기			
	화력 조절 능력			
	위생적으로 처리하는 능력			
국, 탕 그릇 선택	국과 탕에 사용할 그릇을 선택하는 능력			
	계절을 고려하여 그릇을 선택하는 능력			
국, 탕 제공	국물과 건더기의 비율을 고려하여 담는 능력			
	고명을 어울리게 선택하여 담는 능력			

학습자 완성품 사진

부추들깨탕

재료

- 부추 100g
- 마른 새우 50g
- 붉은 고추 1개

육수

- 국물용 멸치 10마리
- 다시마(10cm) 1장
- 물 7컵

양념

- 국간장 1큰술
- 소금 1/4큰술
- 다진 마늘 1/2큰술
- 들깻가루 1/2컵

만드는 법

재료 확인하기

1 부추, 마른 새우, 붉은 고추, 국물용 멸치 등 확인하기

사용할 도구 선택하기

2 냄비, 프라이팬, 나무젓가락 등을 선택하여 준비한다.

재료 계량하기

3 각각의 재료 분량을 컵과 계량스푼, 저울로 계량하기

재료 준비하기

4 부추는 다듬어 씻어서 3cm 정도로 썬다.
5 붉은 고추는 씨를 제거하고 송송 썬다.
6 국물용 멸치는 아가미와 내장을 제거한다.
7 다시마는 젖은 면포로 닦는다.

조리하기

8 마른 새우는 팬에 1~2분 정도 볶아 체에 밭쳐 부스러기를 제거한다.
9 손질한 멸치는 팬에 노릇노릇하게 볶는다.
10 냄비에 다시마를 넣고 끓으면 다시마를 건지고, 마른 멸치를 넣어 중불로 줄여 10분 정도 끓여 체에 거른다.
11 육수에 마른 새우, 다진 마늘을 넣어 끓인다. 국간장, 소금으로 간을 맞추고, 들깻가루를 넣는다.
12 부추, 붉은 고추를 넣고 한소끔 더 끓인다.

담아 완성하기

13 부추들깨탕 담을 그릇을 선택한다.
14 부추들깨탕을 따뜻하게 담아낸다.

평가자 체크리스트

학습내용	평가 항목	성취수준		
		상	중	하
국, 탕 재료 준비 및 계량	재료에 따라 계량하는 능력			
	재료에 따라 전처리 하는 능력			
국, 탕 육수 제조	육수를 끓일 때 재료를 넣는 방법과 불조절하는 능력			
	불순물을 제거하는 능력			
국, 탕 조리	물 또는 육수에 재료를 넣는 순서의 적절성			
	부재료를 넣는 시기와 분량			
	양념을 넣는 시기와 분량			
	끓이는 시간과 화력의 적절성			
국, 탕 그릇 선택	국이나 탕의 그릇을 선택하는 능력			
	계절에 적합한 그릇을 선택하는 능력			
국, 탕 제공	국물과 건더기의 비율을 고려하여 담는 능력			
	고명을 적절하게 선택하는 능력			
	국과 탕을 적절한 온도로 제공하는 능력			

서술형 시험

학습내용	평가 항목	성취수준		
		상	중	하
국, 탕 재료 준비 및 계량	재료에 따라 계량하는 방법			
	조리원리를 바탕으로 육류, 어류, 어패류, 채소류 등을 조리 목적에 맞게 전처리 하는 방법			
국, 탕 육수 제조	육수를 끓일 때 재료 넣는 방법과 불 조절방법			
	육수를 뜨겁게 또는 차게 보관 시 취급 방법			
국, 탕 조리	물 또는 육수에 재료를 넣는 순서와 이유			
	양념을 넣는 적합한 시기			
	화력 조절 방법 및 화력을 조절해야 하는 이유			
	국과 탕의 품질을 평가하는 방법			
국, 탕 그릇 선택	국과 탕 그릇을 선택할 때 고려할 사항			
	계절에 따른 그릇 선택 방법			
국, 탕 제공	국물과 건더기의 비율			
	국과 탕에 어울리는 고명			

작업장 평가

학습내용	평가 항목	성취수준		
		상	중	하
국, 탕 재료 준비 및 계량	조리 목적과 분량에 맞게 재료와 도구를 준비하는 능력			
	재료에 따라 측정도구를 선택하고 계량하는 능력			
	재료를 조리목적에 맞게 전처리 하는 능력			
국, 탕 육수 제조	육수를 끓일 때 재료 넣는 방법과 불을 조절하는 능력			
	맑은 육수를 끓이기 위해 불순물을 제거하는 능력			
	육수를 뜨겁게 또는 차게 보관할 때 위생적으로 처리하는 능력			
국, 탕 조리	물이나 육수에 재료를 넣는 적절성			
	부재료와 양념을 넣는 시기			
	화력 조절 능력			
	위생적으로 처리하는 능력			
국, 탕 그릇 선택	국과 탕에 사용할 그릇을 선택하는 능력			
	계절을 고려하여 그릇을 선택하는 능력			
국, 탕 제공	국물과 건더기의 비율을 고려하여 담는 능력			
	고명을 어울리게 선택하여 담는 능력			

학습자 완성품 사진

수험자 유의사항

1) 만드는 순서에 유의하며, 위생과 숙련된 기능평가를 위하여 조리작업 시 맛을 보지 않습니다.
2) 지정된 수험자 지참준비물 이외의 조리기구나 재료를 시험장 내에 지참할 수 없습니다.
3) 지급재료는 시험 전 확인하여 이상이 있을 경우 시험위원으로부터 조치를 받고 시험 중에는 재료의 교환 및 추가지급은 하지 않습니다.
4) 요구사항 및 지급재료의 규격은 "정도"의 의미를 포함하며, 재료의 크기에 따라 가감하여 채점됩니다.
5) 위생복, 위생모, 앞치마, 마스크를 착용하여야 하며, 시험장비 · 조리기구 취급 등 안전에 유의합니다.
6) 다음 사항은 실격에 해당하여 채점 대상에서 제외됩니다.
   가) 수험자 본인이 시험 도중 시험에 대한 포기 의사를 표현하는 경우
   나) 위생복, 위생모, 앞치마, 마스크를 착용하지 않은 경우
   다) 시험시간 내에 과제 두 가지를 제출하지 못한 경우
   라) 문제의 요구사항대로 과제의 수량이 만들어지지 않은 경우
   마) 구이를 조림 등으로 조리하여 완성품을 요구사항과 다르게 만든 경우
   바) 불을 사용하여 만든 조리작품이 작품특성에 벗어나는 정도로 타거나 익지 않은 경우
   사) 해당 과제의 지급재료 이외 재료를 사용하거나 석쇠 등 요구사항의 조리기구를 사용하지 않은 경우
   아) 지정된 수험자 지참준비물 이외의 조리기구를 조리에 사용한 경우
   자) 가스레인지 화구 2개 이상(2개 포함) 사용한 경우
   차) 시험 중 시설 · 장비(칼, 가스레인지 등) 사용 시 시험위원 및 타 수험자의 시험 진행에 위해를 일으킬 것으로 시험위원 전원이 합의하여 판단한 경우
   카) 요구사항에 표시된 실격 및 부정행위에 해당하는 경우
7) 항목별 배점은 위생상태 및 안전관리 5점, 조리기술 30점, 작품의 평가 15점입니다.
8) 시험시작 전 가벼운 몸 풀기(스트레칭) 동작으로 긴장을 풀고 시험을 시작합니다.

한식조리기능사
실기 품목

요구사항

※ 주어진 재료를 사용하여 다음과 같이 완자탕을 만드시오.

가. 완자는 지름 3cm로 6개를 만들고, 국 국물의 양은 200mL 이상 제출하시오.

나. 달걀은 지단과 완자용으로 사용하시오.

다. 고명으로 황 · 백지단(마름모꼴)을 각 2개씩 띄우시오.

완자탕

시험시간
30분
조리기능사 실기 품목

재료

- 소고기(살코기) 50g
- 소고기(사태부위) 20g
- 달걀 1개
- 대파(흰 부분 4cm) 1/2토막
- 밀가루(중력분) 10g
- 마늘(중, 깐 것) 2쪽
- 식용유 20ml
- 소금(정제염) 10g
- 검은 후춧가루 2g
- 두부 15g
- 키친타월(종이, 주방용 소18×20cm) 1장
- 국간장 5ml
- 참기름 5ml
- 깨소금 5g
- 백설탕 5g

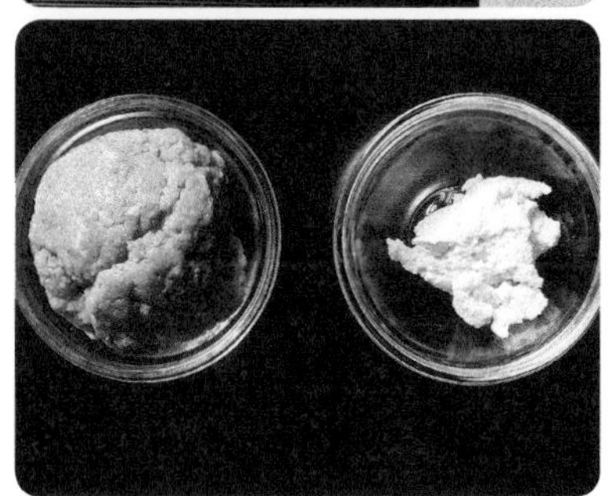

만드는 법

재료 확인하기

1 소고기 우둔, 소고기 사태, 깐 마늘, 밀가루, 달걀 등 확인하기

사용할 도구 선택하기

2 냄비, 나무젓가락 등을 선택하여 준비한다.

재료 계량하기

3 각각의 재료 분량을 컵과 계량스푼, 저울로 계량하기

재료 준비하기

4 소고기 사태는 찬물에 담가 핏물을 뺀다.
5 두부는 으깨어 물기를 짠다.

조리하기

6 소고기 사태에 물과 대파, 마늘을 넣어 삶고 국물은 면포에 걸러 간장과 소금으로 간을 한다.
7 다진 소고기와 두부를 합하여 완자양념을 하고 끈기있게 치대어 3cm 크기로 완자를 6개 빚는다.
8 완자는 밀가루와 달걀물을 입혀 팬에 기름을 두르고 지진다.
9 달걀은 황·백지단을 부쳐 마름모로 썬다.
10 소고기 육수에 완자를 넣어 끓인다.

담아 완성하기

11 완자탕 그릇을 선택한다.
12 완자탕은 따뜻하게 담아낸다. 황·백지단을 고명으로 얹는다.

평가자 체크리스트

학습내용	평가 항목	성취수준		
		상	중	하
국, 탕 재료 준비 및 계량	재료에 따라 계량하는 능력			
	재료에 따라 전처리 하는 능력			
국, 탕 육수 제조	육수를 끓일 때 재료를 넣는 방법과 불조절하는 능력			
	불순물을 제거하는 능력			
국, 탕 조리	물 또는 육수에 재료를 넣는 순서의 적절성			
	부재료를 넣는 시기와 분량			
	양념을 넣는 시기와 분량			
	끓이는 시간과 화력의 적절성			
국, 탕 그릇 선택	국이나 탕의 그릇을 선택하는 능력			
	계절에 적합한 그릇을 선택하는 능력			
국, 탕 제공	국물과 건더기의 비율을 고려하여 담는 능력			
	고명을 적절하게 선택하는 능력			
	국과 탕을 적절한 온도로 제공하는 능력			

서술형 시험

학습내용	평가 항목	성취수준		
		상	중	하
국, 탕 재료 준비 및 계량	재료에 따라 계량하는 방법			
	조리원리를 바탕으로 육류, 어류, 어패류, 채소류 등을 조리 목적에 맞게 전처리 하는 방법			
국, 탕 육수 제조	육수를 끓일 때 재료 넣는 방법과 불 조절방법			
	육수를 뜨겁게 또는 차게 보관 시 취급 방법			
국, 탕 조리	물 또는 육수에 재료를 넣는 순서와 이유			
	양념을 넣는 적합한 시기			
	화력 조절 방법 및 화력을 조절해야 하는 이유			
	국과 탕의 품질을 평가하는 방법			
국, 탕 그릇 선택	국과 탕 그릇을 선택할 때 고려할 사항			
	계절에 따른 그릇 선택 방법			
국, 탕 제공	국물과 건더기의 비율			
	국과 탕에 어울리는 고명			

작업장 평가

학습내용	평가 항목	성취수준		
		상	중	하
국, 탕 재료 준비 및 계량	조리 목적과 분량에 맞게 재료와 도구를 준비하는 능력			
	재료에 따라 측정도구를 선택하고 계량하는 능력			
	재료를 조리목적에 맞게 전처리 하는 능력			
국, 탕 육수 제조	육수를 끓일 때 재료 넣는 방법과 불을 조절하는 능력			
	맑은 육수를 끓이기 위해 불순물을 제거하는 능력			
	육수를 뜨겁게 또는 차게 보관할 때 위생적으로 처리하는 능력			
국, 탕 조리	물이나 육수에 재료를 넣는 적절성			
	부재료와 양념을 넣는 시기			
	화력 조절 능력			
	위생적으로 처리하는 능력			
국, 탕 그릇 선택	국과 탕에 사용할 그릇을 선택하는 능력			
	계절을 고려하여 그릇을 선택하는 능력			
국, 탕 제공	국물과 건더기의 비율을 고려하여 담는 능력			
	고명을 어울리게 선택하여 담는 능력			

학습자 완성품 사진

일일 개인위생 점검표(입실준비)

점검일 :　　년　월　일　　이름 :

점검 항목	착용 및 실시 여부	점검결과		
		양호	보통	미흡
조리모				
두발의 형태에 따른 손질(머리망 등)				
조리복 상의				
조리복 바지				
앞치마				
스카프				
안전화				
손톱의 길이 및 매니큐어 여부				
반지, 시계, 팔찌 등				
짙은 화장				
향수				
손 씻기				
상처유무 및 적절한 조치				
흰색 행주 지참				
사이드 타월				
개인용 조리도구				

일일 위생 점검표(퇴실준비)

점검일 :　　년　월　일　　이름 :

점검 항목	착용 및 실시 여부	점검결과		
		양호	보통	미흡
그릇, 기물 세척 및 정리정돈				
기계, 도구, 장비 세척 및 정리정돈				
작업대 청소 및 물기 제거				
가스레인지 또는 인덕션 청소				
양념통 정리				
남은 재료 정리정돈				
음식 쓰레기 처리				
개수대 청소				
수도 주변 및 세제 관리				
바닥 청소				
청소도구 정리정돈				
전기 및 Gas 체크				

일일 개인위생 점검표(입실준비)

점검일 : 년 월 일 이름 :				
점검 항목	착용 및 실시 여부	점검결과		
		양호	보통	미흡
조리모				
두발의 형태에 따른 손질(머리망 등)				
조리복 상의				
조리복 바지				
앞치마				
스카프				
안전화				
손톱의 길이 및 매니큐어 여부				
반지, 시계, 팔찌 등				
짙은 화장				
향수				
손 씻기				
상처유무 및 적절한 조치				
흰색 행주 지참				
사이드 타월				
개인용 조리도구				

일일 위생 점검표(퇴실준비)

점검일 : 년 월 일 이름 :				
점검 항목	착용 및 실시 여부	점검결과		
		양호	보통	미흡
그릇, 기물 세척 및 정리정돈				
기계, 도구, 장비 세척 및 정리정돈				
작업대 청소 및 물기 제거				
가스레인지 또는 인덕션 청소				
양념통 정리				
남은 재료 정리정돈				
음식 쓰레기 처리				
개수대 청소				
수도 주변 및 세제 관리				
바닥 청소				
청소도구 정리정돈				
전기 및 Gas 체크				

_____ 주차

일일 개인위생 점검표(입실준비)

점검일 : 년 월 일 이름 :				
점검 항목	착용 및 실시 여부	점검결과		
		양호	보통	미흡
조리모				
두발의 형태에 따른 손질(머리망 등)				
조리복 상의				
조리복 바지				
앞치마				
스카프				
안전화				
손톱의 길이 및 매니큐어 여부				
반지, 시계, 팔찌 등				
짙은 화장				
향수				
손 씻기				
상처유무 및 적절한 조치				
흰색 행주 지참				
사이드 타월				
개인용 조리도구				

일일 위생 점검표(퇴실준비)

점검일 : 년 월 일 이름 :				
점검 항목	착용 및 실시 여부	점검결과		
		양호	보통	미흡
그릇, 기물 세척 및 정리정돈				
기계, 도구, 장비 세척 및 정리정돈				
작업대 청소 및 물기 제거				
가스레인지 또는 인덕션 청소				
양념통 정리				
남은 재료 정리정돈				
음식 쓰레기 처리				
개수대 청소				
수도 주변 및 세제 관리				
바닥 청소				
청소도구 정리정돈				
전기 및 Gas 체크				

일일 개인위생 점검표(입실준비)

점검일 :　　년　월　일　　이름 :				
점검 항목	착용 및 실시 여부	점검결과		
		양호	보통	미흡
조리모				
두발의 형태에 따른 손질(머리망 등)				
조리복 상의				
조리복 바지				
앞치마				
스카프				
안전화				
손톱의 길이 및 매니큐어 여부				
반지, 시계, 팔찌 등				
짙은 화장				
향수				
손 씻기				
상처유무 및 적절한 조치				
흰색 행주 지참				
사이드 타월				
개인용 조리도구				

일일 위생 점검표(퇴실준비)

점검일 :　　년　월　일　　이름 :				
점검 항목	착용 및 실시 여부	점검결과		
		양호	보통	미흡
그릇, 기물 세척 및 정리정돈				
기계, 도구, 장비 세척 및 정리정돈				
작업대 청소 및 물기 제거				
가스레인지 또는 인덕션 청소				
양념통 정리				
남은 재료 정리정돈				
음식 쓰레기 처리				
개수대 청소				
수도 주변 및 세제 관리				
바닥 청소				
청소도구 정리정돈				
전기 및 Gas 체크				

_____ 주차

일일 개인위생 점검표(입실준비)

점검일 :　　년　　월　　일　　　이름 :				
점검 항목	착용 및 실시 여부	점검결과		
		양호	보통	미흡
조리모				
두발의 형태에 따른 손질(머리망 등)				
조리복 상의				
조리복 바지				
앞치마				
스카프				
안전화				
손톱의 길이 및 매니큐어 여부				
반지, 시계, 팔찌 등				
짙은 화장				
향수				
손 씻기				
상처유무 및 적절한 조치				
흰색 행주 지참				
사이드 타월				
개인용 조리도구				

일일 위생 점검표(퇴실준비)

점검일 :　　년　　월　　일　　　이름 :				
점검 항목	착용 및 실시 여부	점검결과		
		양호	보통	미흡
그릇, 기물 세척 및 정리정돈				
기계, 도구, 장비 세척 및 정리정돈				
작업대 청소 및 물기 제거				
가스레인지 또는 인덕션 청소				
양념통 정리				
남은 재료 정리정돈				
음식 쓰레기 처리				
개수대 청소				
수도 주변 및 세제 관리				
바닥 청소				
청소도구 정리정돈				
전기 및 Gas 체크				

_____ 주차

일일 개인위생 점검표(입실준비)

점검일 : 년 월 일 이름 :				
점검 항목	착용 및 실시 여부	점검결과		
		양호	보통	미흡
조리모				
두발의 형태에 따른 손질(머리망 등)				
조리복 상의				
조리복 바지				
앞치마				
스카프				
안전화				
손톱의 길이 및 매니큐어 여부				
반지, 시계, 팔찌 등				
짙은 화장				
향수				
손 씻기				
상처유무 및 적절한 조치				
흰색 행주 지참				
사이드 타월				
개인용 조리도구				

일일 위생 점검표(퇴실준비)

점검일 : 년 월 일 이름 :				
점검 항목	착용 및 실시 여부	점검결과		
		양호	보통	미흡
그릇, 기물 세척 및 정리정돈				
기계, 도구, 장비 세척 및 정리정돈				
작업대 청소 및 물기 제거				
가스레인지 또는 인덕션 청소				
양념통 정리				
남은 재료 정리정돈				
음식 쓰레기 처리				
개수대 청소				
수도 주변 및 세제 관리				
바닥 청소				
청소도구 정리정돈				
전기 및 Gas 체크				

일일 개인위생 점검표(입실준비)

점검일 : 년 월 일 이름 :

점검 항목	착용 및 실시 여부	점검결과		
		양호	보통	미흡
조리모				
두발의 형태에 따른 손질(머리망 등)				
조리복 상의				
조리복 바지				
앞치마				
스카프				
안전화				
손톱의 길이 및 매니큐어 여부				
반지, 시계, 팔찌 등				
짙은 화장				
향수				
손 씻기				
상처유무 및 적절한 조치				
흰색 행주 지참				
사이드 타월				
개인용 조리도구				

일일 위생 점검표(퇴실준비)

점검일 : 년 월 일 이름 :

점검 항목	착용 및 실시 여부	점검결과		
		양호	보통	미흡
그릇, 기물 세척 및 정리정돈				
기계, 도구, 장비 세척 및 정리정돈				
작업대 청소 및 물기 제거				
가스레인지 또는 인덕션 청소				
양념통 정리				
남은 재료 정리정돈				
음식 쓰레기 처리				
개수대 청소				
수도 주변 및 세제 관리				
바닥 청소				
청소도구 정리정돈				
전기 및 Gas 체크				

_____ 주차

일일 개인위생 점검표(입실준비)

점검일 : 년 월 일 이름 :				
점검 항목	착용 및 실시 여부	점검결과		
		양호	보통	미흡
조리모				
두발의 형태에 따른 손질(머리망 등)				
조리복 상의				
조리복 바지				
앞치마				
스카프				
안전화				
손톱의 길이 및 매니큐어 여부				
반지, 시계, 팔찌 등				
짙은 화장				
향수				
손 씻기				
상처유무 및 적절한 조치				
흰색 행주 지참				
사이드 타월				
개인용 조리도구				

일일 위생 점검표(퇴실준비)

점검일 : 년 월 일 이름 :				
점검 항목	착용 및 실시 여부	점검결과		
		양호	보통	미흡
그릇, 기물 세척 및 정리정돈				
기계, 도구, 장비 세척 및 정리정돈				
작업대 청소 및 물기 제거				
가스레인지 또는 인덕션 청소				
양념통 정리				
남은 재료 정리정돈				
음식 쓰레기 처리				
개수대 청소				
수도 주변 및 세제 관리				
바닥 청소				
청소도구 정리정돈				
전기 및 Gas 체크				

일일 개인위생 점검표(입실준비)

점검일 :　　년　　월　　일　　이름 :				
점검 항목	착용 및 실시 여부	점검결과		
		양호	보통	미흡
조리모				
두발의 형태에 따른 손질(머리망 등)				
조리복 상의				
조리복 바지				
앞치마				
스카프				
안전화				
손톱의 길이 및 매니큐어 여부				
반지, 시계, 팔찌 등				
짙은 화장				
향수				
손 씻기				
상처유무 및 적절한 조치				
흰색 행주 지참				
사이드 타월				
개인용 조리도구				

일일 위생 점검표(퇴실준비)

점검일 :　　년　　월　　일　　이름 :				
점검 항목	착용 및 실시 여부	점검결과		
		양호	보통	미흡
그릇, 기물 세척 및 정리정돈				
기계, 도구, 장비 세척 및 정리정돈				
작업대 청소 및 물기 제거				
가스레인지 또는 인덕션 청소				
양념통 정리				
남은 재료 정리정돈				
음식 쓰레기 처리				
개수대 청소				
수도 주변 및 세제 관리				
바닥 청소				
청소도구 정리정돈				
전기 및 Gas 체크				

______ 주차

일일 개인위생 점검표(입실준비)

점검일 : 년 월 일 이름 :

점검 항목	착용 및 실시 여부	점검결과		
		양호	보통	미흡
조리모				
두발의 형태에 따른 손질(머리망 등)				
조리복 상의				
조리복 바지				
앞치마				
스카프				
안전화				
손톱의 길이 및 매니큐어 여부				
반지, 시계, 팔찌 등				
짙은 화장				
향수				
손 씻기				
상처유무 및 적절한 조치				
흰색 행주 지참				
사이드 타월				
개인용 조리도구				

일일 위생 점검표(퇴실준비)

점검일 : 년 월 일 이름 :

점검 항목	착용 및 실시 여부	점검결과		
		양호	보통	미흡
그릇, 기물 세척 및 정리정돈				
기계, 도구, 장비 세척 및 정리정돈				
작업대 청소 및 물기 제거				
가스레인지 또는 인덕션 청소				
양념통 정리				
남은 재료 정리정돈				
음식 쓰레기 처리				
개수대 청소				
수도 주변 및 세제 관리				
바닥 청소				
청소도구 정리정돈				
전기 및 Gas 체크				

_____ 주차

일일 개인위생 점검표(입실준비)

점검일 :　　년　　월　　일　　이름 :				
점검 항목	착용 및 실시 여부	점검결과		
		양호	보통	미흡
조리모				
두발의 형태에 따른 손질(머리망 등)				
조리복 상의				
조리복 바지				
앞치마				
스카프				
안전화				
손톱의 길이 및 매니큐어 여부				
반지, 시계, 팔찌 등				
짙은 화장				
향수				
손 씻기				
상처유무 및 적절한 조치				
흰색 행주 지참				
사이드 타월				
개인용 조리도구				

일일 위생 점검표(퇴실준비)

점검일 :　　년　　월　　일　　이름 :				
점검 항목	착용 및 실시 여부	점검결과		
		양호	보통	미흡
그릇, 기물 세척 및 정리정돈				
기계, 도구, 장비 세척 및 정리정돈				
작업대 청소 및 물기 제거				
가스레인지 또는 인덕션 청소				
양념통 정리				
남은 재료 정리정돈				
음식 쓰레기 처리				
개수대 청소				
수도 주변 및 세제 관리				
바닥 청소				
청소도구 정리정돈				
전기 및 Gas 체크				

일일 개인위생 점검표(입실준비)

점검일 : 년 월 일 이름 :				
점검 항목	착용 및 실시 여부	점검결과		
		양호	보통	미흡
조리모				
두발의 형태에 따른 손질(머리망 등)				
조리복 상의				
조리복 바지				
앞치마				
스카프				
안전화				
손톱의 길이 및 매니큐어 여부				
반지, 시계, 팔찌 등				
짙은 화장				
향수				
손 씻기				
상처유무 및 적절한 조치				
흰색 행주 지참				
사이드 타월				
개인용 조리도구				

일일 위생 점검표(퇴실준비)

점검일 : 년 월 일 이름 :				
점검 항목	착용 및 실시 여부	점검결과		
		양호	보통	미흡
그릇, 기물 세척 및 정리정돈				
기계, 도구, 장비 세척 및 정리정돈				
작업대 청소 및 물기 제거				
가스레인지 또는 인덕션 청소				
양념통 정리				
남은 재료 정리정돈				
음식 쓰레기 처리				
개수대 청소				
수도 주변 및 세제 관리				
바닥 청소				
청소도구 정리정돈				
전기 및 Gas 체크				

_____ 주차

일일 개인위생 점검표(입실준비)

점검일 : 년 월 일 이름 :				
점검 항목	착용 및 실시 여부	점검결과		
		양호	보통	미흡
조리모				
두발의 형태에 따른 손질(머리망 등)				
조리복 상의				
조리복 바지				
앞치마				
스카프				
안전화				
손톱의 길이 및 매니큐어 여부				
반지, 시계, 팔찌 등				
짙은 화장				
향수				
손 씻기				
상처유무 및 적절한 조치				
흰색 행주 지참				
사이드 타월				
개인용 조리도구				

일일 위생 점검표(퇴실준비)

점검일 : 년 월 일 이름 :				
점검 항목	착용 및 실시 여부	점검결과		
		양호	보통	미흡
그릇, 기물 세척 및 정리정돈				
기계, 도구, 장비 세척 및 정리정돈				
작업대 청소 및 물기 제거				
가스레인지 또는 인덕션 청소				
양념통 정리				
남은 재료 정리정돈				
음식 쓰레기 처리				
개수대 청소				
수도 주변 및 세제 관리				
바닥 청소				
청소도구 정리정돈				
전기 및 Gas 체크				

_____ 주차

일일 개인위생 점검표(입실준비)

점검일 : 년 월 일 이름 :

점검 항목	착용 및 실시 여부	점검결과		
		양호	보통	미흡
조리모				
두발의 형태에 따른 손질(머리망 등)				
조리복 상의				
조리복 바지				
앞치마				
스카프				
안전화				
손톱의 길이 및 매니큐어 여부				
반지, 시계, 팔찌 등				
짙은 화장				
향수				
손 씻기				
상처유무 및 적절한 조치				
흰색 행주 지참				
사이드 타월				
개인용 조리도구				

일일 위생 점검표(퇴실준비)

점검일 : 년 월 일 이름 :

점검 항목	착용 및 실시 여부	점검결과		
		양호	보통	미흡
그릇, 기물 세척 및 정리정돈				
기계, 도구, 장비 세척 및 정리정돈				
작업대 청소 및 물기 제거				
가스레인지 또는 인덕션 청소				
양념통 정리				
남은 재료 정리정돈				
음식 쓰레기 처리				
개수대 청소				
수도 주변 및 세제 관리				
바닥 청소				
청소도구 정리정돈				
전기 및 Gas 체크				

저자 소개

한혜영

현) 충북도립대학교 조리제빵과 교수
어린이급식관리지원센터 센터장
- 세종대학교 조리외식경영학전공 조리학 박사
- 숙명여자대학교 전통식생활문화전공 석사
- 조리기능장
- Le Cordon bleu (France, Australia) 연수
- The Culinary Institute of America 연수
- Cursos de cocina espanola en sevilla (Spain) 연수
- Italian Culinary Institute For Foreigner 연수
- 롯데호텔 서울
- 인터컨티넨탈 호텔 서울
- 떡제조기능사, 조리산업기사, 조리기능장 출제위원 및 심사위원
- 한국외식산업학회 이사
- 농림축산식품부장관상, 식약처장상, 해양수산부장관상, 산림청장상
- 대전지방식품의약품안전청장상, 충북도지사상
- KBS 비타민, 위기탈출넘버원
- 한혜영 교수의 재미있고 맛있는 음식이야기 CJB 라디오 청주방송
- SBS 모닝와이드
- MBC 생방송오늘아침 등
- 파리, 대만, 홍콩, 알제리, 카타르, 싱가포르, 상해, 터키, 리옹, 라스베이거스, 요르단, 쿠웨이트, 터키, 말레이시아, 미국, 오만, 에콰도르, 파나마, 카타르, 몽골, 체코, 브라질, 네덜란드, 호주, 일본 등 대사관 초청 한국음식 강의 및 홍보행사
- 순창, 임실, 옥천, 밀양, 화천, 봉화, 진천, 태백, 경주, 서산, 충주, 양양, 웅진, 성주, 이천 등 메뉴개발 및 강의

저서
- 한혜영의 한국음식, 효일출판사, 2013
- NCS 자격검정을 위한 한식조리 12권, 백산출판사, 2016
- NCS 자격검정을 위한 한식기초조리실무, 백산출판사, 2017
- NCS 자격검정을 위한 알기쉬운 한식조리, 백산출판사, 2017
- NCS 한식조리실무, 백산출판사, 2017
- 조리사가 꼭 알아야 할 단체급식, 백산출판사, 2018
- 양식조리 NCS학습모듈 공동 집필 8권, 한국직업능력개발원, 2018
- 동남아요리, 백산출판사, 2019
- 떡제조기능사, 비앤씨월드, 2020
- 푸드스타일링 실습, 충북도립대학교, 2020

박선옥

현) 충북도립대학교 조리제빵과 겸임교수
인천재능대학교 호텔외식조리과 겸임교수
전) 우송정보대학 외식조리과 외래교수
세종대학교 외식경영학과 외래교수
- 조리기능장
- 한국소울푸드연구소 대표
- 세종대학교 조리외식경영학과 박사과정
- 주 그리스 대한민국대사관 조리사
- 아름다운 우리 떡 은상 (한국관광공사)

신은채

현) 동원과학기술대학교 호텔외식조리과 교수
양산시 시설관리공단 〈숲애서〉 자문위원장
- 한식조리기능사, 조리산업기사 감독위원
- 세종대학교 식품영양학과 이학사
- 서울대학교 보건대학원 보건학 석사
- 동아대학교 식품영양학과 이학박사
- 한식세계화 한식전문조리인력양성과정장
- 채널A 먹거리 X파일 착한식당 검증단

임재창

- 우송정보대학교 조리부사관과 겸임교수
- 마스터쉐프한국협회 상임이사
- 한국음식조리문화협회 상임이사
- 조리기능장 감독위원
- 국민안전처 식품안전위원

저자와의
합의하에
인지첩부
생략

한식조리 국 · 탕

2022년 3월 5일 초판 1쇄 인쇄
2022년 3월 10일 초판 1쇄 발행

지은이 한혜영 · 박선옥 · 신은채 · 임재창
펴낸이 진욱상
펴낸곳 (주)백산출판사
교 정 박시내
본문디자인 신화정
표지디자인 오정은

등 록 2017년 5월 29일 제406-2017-000058호
주 소 경기도 파주시 회동길 370(백산빌딩 3층)
전 화 02-914-1621(代)
팩 스 031-955-9911
이메일 edit@ibaeksan.kr
홈페이지 www.ibaeksan.kr

ISBN 979-11-6567-460-1 93590
값 16,000원